慈悲没有敌人，智慧不起烦恼

CiBei MeiYou DiRen, ZhiHui BuQi FanNao

文震 著

中国华侨出版社

前言

生活的忙碌除了剥夺了我们的时间，也同时让我们忽略了对自己、对世界的宽容。我们不断要求自己获得更好的成绩，追求更高的职位，抓住更难得的机会，不断要求他人努力配合自己，要求他人体谅自己，要求这世界能够格外厚爱自己。然而，这一切并不容易满足。生活的挫败有时会让你感觉全世界都在与你作对，其实，与你作对的并不是全世界，而是你自己。现实之所以让人如此烦恼，是因为你缺少了对世界的慈悲，对生活的智慧。

慈悲，是对所有人表达平等的善意，对每个人、每件事的接纳与包容。慈悲的人懂得包容自己所爱的人，同时也会宽恕自己的敌人；慈悲的人会笑着迎接人生的欢喜，同时也会笑着迎接人生的苦难。无论是爱人还是敌人，无论是欢喜抑或苦难，都是人生独特的馈赠。当一个人能够对所有的一切怀着一颗慈悲心，就没有什么不能够理解、克服、跨越。

智慧，是对生活的智慧。我们在追求最好的生活，然而"最好"的定义对每个人而言是不同的。我们要学习的不只是如何追求，还包括在追求的过程中如何保持最佳的状态。在遭遇人生大事，在遇到挫折矛盾，在经受孤苦时，该如何理性地面对。人生的很多烦恼源于不理解和得不到，一个拥有生活智慧的人，能够包容、理解人生的所有际遇，正视得到与失去，正因为如此，智慧的人烦恼很少。

每个人的世界的改变从改变对待世界的态度开始。用慈悲心宽容世界，用智慧心体贴自己，自然不会再有敌人，也不会再有烦恼。本书讲述的正是"慈悲"与"智慧"，它会告诉你如何宽恕自己的敌人，如同宽容自己的爱人；如何保持内心的从容与快乐，无论这世界一片坦途还是充满沟壑。

目录 contents

上篇 慈悲没有敌人

当一个人拥有慈悲心，自然就能够获得内心的祥和安乐，自然就能够发现世间的美好。慈悲是接人待物的谦和，是不与人争的自在，是装得下世界的宽容，是对不幸与苦难的坦然接受……真正的慈悲不仅是爱自己所爱的人，还要去宽恕自己的对手，所有人都一样，慈悲心带给世界一种平等的善意。

第一章　每个人都值得谦和以对

- 001・人人平等，每个人都值得被尊重　　　003
- 002・品德，决定你成为一个什么样的人　　　006
- 003・让他人的好也成为自己的美德　　　008
- 004・放下自以为是的态度　　　011
- 005・不经意的恶语，便能造成深深的伤害　　　014
- 006・先听别人怎么说，不急于表达看法　　　017
- 007・善待他人，善意会被传播　　　019

第二章 做自己，不必在他人的世界里争个明白

- 001· 不争，也有自己的世界 | *022*
- 002· 生活没有那么多事需要唇枪舌剑 | *025*
- 003· 别把自己看得太重要 | *027*
- 004· 胜利的时限往往都是短暂的 | *030*
- 005· 憎恨是解决事情最坏的方法 | *033*
- 006· 善意，让你忘记与他人的计较 | *035*
- 007· 没人能赢一个不想争的人 | *038*

第三章 需要一份心胸，装得下大千世界

- 001· 无法改变的，不如顺其自然 | *041*
- 002· 并非期盼就会得到，害怕就会失去 | *044*
- 003· 一个人的成就与心胸成正比 | *046*
- 004· 计较不如比较，让自己成长 | *049*
- 005· 对明天最好的担心，是做好今天的事 | *051*
- 006· 时光再令人惋惜，也终将成为过去 | *053*
- 007· 不是所有的坚持，都值得肯定 | *056*
- 008· 每种生活状态都能获得好的体验 | *058*

第四章 不疾不徐，那些该来的总会来

- 001· 以一种平和的姿态，去生活 | *062*
- 002· 风平浪静，训练不出好的水手 | *065*
- 003· 越积极，越幸运 | *067*
- 004· 像宽恕自己那样，宽容他人 | *070*
- 005· 换位思考，就是一种慈悲 | *072*
- 006· 将生活的是非看作平常 | *075*

第五章　不错误地执着，不过度地苛求

- 001・大多数烦恼来源于想象　　　| 078
- 002・心很累？不如学着放开　　　| 081
- 003・不偏执，就不会失去中肯的判断　| 083
- 004・从过去脱离，投向新的开始　| 085
- 005・很美却不完美，这是生活的常态　| 088
- 006・过度的爱便是伤害　　　　　| 090
- 007・空杯的智慧　　　　　　　　| 093

第六章　遵从内心善意的引导

- 001・积累信用，既允诺便达成　　| 096
- 002・信任，有时是对他人最大的帮助　| 099
- 003・不违背本心地生活　　　　　| 102
- 004・被分享与分享，都是幸福的事　| 104
- 005・别让你的善意成为对他的伤害　| 106

第七章　没什么比感情更值得用心维护

- 001・有情，人心才不孤独　　　　| 109
- 002・放下架子，做个和善亲切的人　| 112
- 003・记得为自己的亲人骄傲　　　| 115
- 004・学着对爱付出　　　　　　　| 117
- 005・求同存异，是友情的基础　　| 119
- 006・给予他人真正需要的帮助　　| 122
- 007・为他人的幸福，做力所能及的事　| 124

第八章　惊喜与惊吓都是生活的馈赠

- 001 · 知足，才能发现生活对自己的厚爱　| 127
- 002 · 看得开的人，便是富有的人　| 130
- 003 · 与自己的不完美和解　| 133
- 004 · 当下，值得真正的拥有　| 135
- 005 · 百般滋味才称得上人生　| 138
- 006 · 快乐大多来自生活中的小事　| 140
- 007 · 身与心不能被欲望绑架　| 143
- 008 · 慢下来，感受生活的风景　| 146

下篇　智慧不起烦恼

当一个人拥有智慧心，自然就能够知晓人生际遇的意义，自然就能够享受生活的乐趣。智慧是遭遇大事的沉着不惊，是面对复杂的临危不乱，是解决矛盾的灵活变通，是在孤独寂寞中的丰富思考……真正的智慧不仅在于头脑的聪明，而是对一切祸福的包容，智慧心让每个人懂得如何拥有更有价值的人生。

第一章　当事情变得疯狂，也不要惊慌失措

- 001 · 内心的沉静是一种强大　| 151
- 002 · 说出口的话要比沉默更有价值　| 154
- 003 · 将流言蜚语交给时间　| 156
- 004 · 在危急的关头，静下来　| 159
- 005 · 成功拒绝太急切的心　| 162
- 006 · 智慧在于了解的深度　| 164
- 007 · 世界从来喧嚣，安宁来自内心　| 167

第二章　从复杂的事情中理出重点

- 001 · 看问题的全部，想周详的办法　　　| 170
- 002 · 行事之前，思考可能出现的结果　　| 173
- 003 · 做事要细致地完成　　　　　　　　| 175
- 004 · 不被复杂的表象蒙蔽　　　　　　　| 178
- 005 · 胜利属于有实力的人，而不是有情绪的人　| 180

第三章　事半功倍在于对关键的把握

- 001 · 放下追求以外的东西　　　　　　　| 183
- 002 · 初学者不要同时拿两支箭　　　　　| 186
- 003 · 机遇在哪里寻找　　　　　　　　　| 188
- 004 · 不是世界贫瘠，而是你缺乏远见　　| 191
- 005 · 控制住自己的坏脾气　　　　　　　| 194
- 006 · 不要为目标以外的事犹豫　　　　　| 196
- 007 · 细节才是成败的决定者　　　　　　| 199
- 008 · 好与坏，都在一念之间　　　　　　| 201

第四章　固执并不适合解决矛盾

- 001 · 将情境看透，不拘泥于成规　　　　| 204
- 002 · 与其抱怨，不如试着理解　　　　　| 206
- 003 · 对手不是敌人，是成长的伙伴　　　| 209
- 004 · 走到死胡同，为何不转弯　　　　　| 212
- 005 · 压抑自我，不如来一次倾诉　　　　| 214
- 006 · 别人的眼光，是别人该在意的事　　| 216
- 007 · 暂时的忍耐，让你更清楚矛盾　　　| 219

第五章　学会与寂寞和苦闷相处

- 001・独处也可以充满乐趣　　　　　　　　　　　| 222
- 002・接受寂寞，才能享受寂寞　　　　　　　　　| 225
- 003・自己做，别总依赖他人　　　　　　　　　　| 228
- 004・想要征服痛苦，就得知道对自己最重要的　　| 230
- 005・人生最大的成就是从失败中站起来　　　　　| 233
- 006・在急流中智慧地靠岸　　　　　　　　　　　| 235
- 007・耐得住寂寞，等得来光明　　　　　　　　　| 238
- 008・坚定自己的信念　　　　　　　　　　　　　| 241

第六章　谁的旅程能在原地完成

- 001・拿出拼劲，困难需要你硬碰硬　　　　　　　| 244
- 002・能限制自己的只有自己　　　　　　　　　　| 247
- 003・走路摔跤，强于站着不动　　　　　　　　　| 249
- 004・不低估事情的难度，更不低估自己的能力　　| 252
- 005・梦想多毁于半途而废　　　　　　　　　　　| 254
- 006・正视自己的缺点与优势　　　　　　　　　　| 257
- 007・苦痛是生命必经的过程　　　　　　　　　　| 259

上篇
慈悲没有敌人

  当一个人拥有慈悲心，自然就能够获得内心的祥和安乐，自然就能够发现世间的美好。慈悲是接人待物的谦和，是不与人争的自在，是装得下世界的宽容，是对不幸与苦难的坦然接受……真正的慈悲不仅是爱自己所爱的人，还要去宽恕自己的对手，所有人都一样，慈悲心带给世界一种平等的善意。

第一章
每个人都值得谦和以对

人无德不立，道德是每个人应当具备的基本生存意识，每个人都应该注重道德的培养，常常自省，时时修身。道德如树的根基，根基越深，人越安稳茁壮。

慈悲的人懂得待人谦和，不以尊卑定亲疏，温和地对待每一个人、每一件事，如春风化雨，润物无声。

· 001 ·

人人平等，每个人都值得被尊重

古时候，一个欧洲小国的国王出外打猎，一队人马越走越远。天黑了，他们赶不回王宫，决定找个旅馆过夜。可是在荒山野岭，哪里去找落脚的旅馆？这时，国王看到远处有一户简陋的农家，就对大臣们说："我们就在那间屋子过夜吧！"

负责礼仪的大臣说："陛下，如果有人知道尊贵的国王住在这么简陋的屋子里，会降低您的威望，请您三思。"国王说："一个国王去农户家居住并不会降低自己的尊严，只会提高那个农夫的威望。"说着国王就带着大臣们去农家投宿。

农民和妻子听到国王要来住宿，都很紧张。没想到国王是个如此谦和的人，不但不挑剔粗陋的饮食和被褥，还很温和地对一家人嘘寒问暖。第二天走时，还送了很多礼物作为答谢。这件事传了出去，人们都赞叹国王是一位礼贤下士的君主。

一个内心慈悲的人，必然知道人人平等。不论对方是国王还是农夫，本质上没有什么区别。一个国王倘若知道农夫的不易，他就会变得谦和并让人敬仰；一个农夫如果以不卑不亢的态度对待国王，他自然也会为人叹服。世界上任何两个人都可能成为朋友，关键在于你愿不愿意从心里尊重对方，试着理解对方，懂得欣赏对方的长处，愿意体谅对方的难处。

"人人平等"意味着每个人都要学会尊重他人。尊重是交往的基础，每个人都有自己的尊严和人格，谁也不愿意被人小看，如果你做不到，你就不可能得到他人的尊重。有德的君子为人处世最谦和，他们懂得尊重他人，因此也就成了他人钦慕并愿意结交的对象。

他人和你没有什么不同，你们也许有不同的性格、爱好、地位、成就，但却同样遵循生老病死的自然原则，重复盈满则亏的人生法则。他人手里拥有你没有的东西，你手里的东西也让他人羡慕，没有谁是最优秀的，每个人都有他的长处和好处。所以不必盲目地崇拜别人，也许你崇拜的只是一个表象；更不能粗鲁地轻视别人，你所轻视的也许远胜于你，只是他谦和有为，不屑于和你计较，若你不知就里，别人只会嘲笑你的短视。

在一家大公司，销售部的马经理最有威望，深得上司器重，也令下属佩服。这让同等级的其他经理们很不服气。有位狄经理就常常在老总面前打小报告，老总听得不耐烦，对狄经理说："马经理做得好自然有他的道理，你为什么不能学习一下他的优点？"

"我觉得我们资历相当，我去年的业绩甚至比他还高。"狄经理和老总有亲属关系，说话不必藏着掖着，坦率地发泄着心中的不满。

"业绩高只是一个方面，经理更需要团结员工、鼓舞士气，这对一个公司才是最好的。就拿与下属的关系来说吧，你让下属去办事，总是一副上司对下属的命令口气；马经理呢，总是客客气气，经常说'有件事想拜托你'这类的话。员工做错了事，你不问青红皂白就是一顿骂；马经理呢，像长辈一样帮人家分析错误，制订下次的计划——你如果是一个员工，更愿意跟着哪位经理？"狄经理被老总说得灰溜溜的，没回一句话。

平易近人是一个领导者身上很重要的素质，它不是必需的，但如果有了它，就能让人如虎添翼。一个人的形象靠的不仅仅是他的成绩，人们更看重的是他的行为。想要获得尊严，就要以自己的实际行动让人信服，在高位时懂得礼贤下士，就算是不起眼的人，也对对方礼让有加；在卑微时不看轻自己，不巴结奉承别人，这样的人怎么会不让人尊敬呢？

每个人都希望有和谐的人际关系，因为个性和爱好的差异，我们也许不能和所有人成为朋友，但我们应该试着和身边的人友好相处。人际交往虽然是一个双向活动，但你可以掌握主动权，你的态度能够为你们的关系定下基调：是平等的朋友，还是泾渭分明的陌生人？或者是彼此看不顺眼的对手甚至敌人？

一个谦和而真诚的人走到哪里都不会让人厌恶，认真地与他人相处，仔细观察他人的优点，每个人都有值得尊敬的地方，把这种尊敬当作你们交往的切入点，他人自然能够感受到你的诚意，也会为你的尊敬而开心不已。一个有道德的人永远不会看轻别人，他们牢记这样一个准则：想要获得他人的尊重，就必须先尊重他人。

·002·
品德，决定你成为一个什么样的人

古时候，先贤墨子曾给弟子们讲过一堂生动的课，他将弟子们带进一家染坊，工匠们正在将织好的布放进不同颜色的染缸，浸泡不同时间后，取出晾晒，这样就成了五颜六色的花布。

墨子对弟子们说："你们看这些丝织品，本来是雪白的颜色，放到青色的染缸，就变为青布；放到黄色的染缸，就变成黄布。染缸里的颜色不同，布的颜色就不同，如果一块布进入不同的染缸，就会沾上其他颜色，所以，染布的时候要加倍小心，才能保证布的纯色。"

墨子进而总结说："一个人的品性就像一块洁白的布，想要染出什么颜色，要靠我们自己把握。"

我们生活在一个古老又有底蕴的国度，先贤为我们留下了很多智慧，值得我们研读效法。就如故事中的墨子，从几个染缸几块布料就能看到人性的本质和变迁。每个人出生的时候都如一块洁白的布，在成长的过程中，受父母师长教诲，受他人影响，渐渐有了自己的颜色。小的时候，我们还没有形成自己的思想，很难把握布的颜色。当我们渐渐懂事，开始以更高的要求看待自己时，首先审视的是自己的品德。

人无德不立，品德是人格的底座，有什么样的品德，决定你成为一个什么样的人。同样是学者，有道德的人会为人类造福，而道德感欠缺的人却会为社会带来危害。就如同样搞医学研究，有些人研制药品，有些人却研制毒品。一个人万万不可轻忽对道德的要求，因为人的欲念本来就多，不加以控制，很容易旁逸斜出，失去本心。

不论世事如何变幻，一个人的心灵应该始终保持明净。这就需要我们有极高的道德水平。在古代有一种提高自己道德的方法叫作"慎独"，就是说在无人看到的地方也要检讨自己的缺点，真正做到从里到外严格规范品行。这种方法历来被人称道，如果每个人都能做到"慎独"，谨慎地对待自己的一切行为，自然可以使心灵合乎道德，不被世俗污染，就如莲花那样虽在淤泥之中却一身清净。

一群弟子询问老师如何消除杂念，老师反问："院子里有野草，怎样才能铲除？"

"应该用铲子铲掉。"一位弟子说。

"一把火就能将它们都烧掉。"另外一位弟子说。

"斩草不除根，春风吹又生，应该连草带根一起都拔出来。"还有一位弟子说。

"明天我们把院子里的地分为四块，你们按照你们的方法锄草，我按照我的方法锄草，半年以后，我们看谁的方法更好。"老师说。

半年很快过去了，师徒聚在院子里，发现徒弟的三块地依然杂草丛生，只有老师的那块地长满了金灿灿的稻谷，原来老师并没有想办法除去杂草，而是种上了粮食。

"人的欲念就像杂草，不论什么方法都无法根除，所以，对抗欲念的最好办法，就是培养自己的美德。"老师对弟子们说。

想除掉土地上的野草，最好的办法就是在上面种满庄稼；想除去心灵里的杂念，最好的方法就是培养自己的美德。如果每个人都能做到"慎独"，以高标准来要求自己，就能够做到对人对事表里如一，对事对物有原则又不失情谊；有杂念的时候，他们自己知道如何控制，更不会为了外界的诱惑变得躁进使性，忘了自己本来的身份。

  人们常常感叹人性莫测，也感叹自己在变化，随着世事无常，变得越来越不认识自己。人为什么会改变本性？因为心躁。生活中有太多不如意让我们急于改变，所以躁；人际中有太多不满却无处发泄，所以躁；事业上有太多目标想要达成却不知要多少时间，所以躁；眼睛里看到太多诱惑想要一一尝试，所以躁……心躁，唯有培养道德能够加以约束和安慰。

  一个重视美德、培养美德的人在任何时候都不会心躁，他们知道人性最重要的是平，是静，经得起考验的坦荡，这才是他们的追求，所以世俗不能让他们浮躁。他们的脚步总是稳的，心态也是端正的，他们谦和处世，磨炼自己的品德耐力，就像古诗所说："洛阳亲友如相问，一片冰心在玉壶。"重视品德修养的人，晶莹剔透，如冰如玉。

·003·

让他人的好也成为自己的美德

  孟子小时候和母亲一起生活，母亲希望儿子长大后成为一个有道德的人，所以很注重孟子成长的环境。一开始，他们住的房子在墓地附近，孟子经常学着别人痛哭流涕，母亲心想："这不是能够教育孩子的地方。"于是，孟子的母亲决定搬家。

母子二人搬到集市旁,孟子看到那些商人平日买卖吆喝,也跟着学了起来。母亲想:"这也不是能够教育孩子的地方。"于是又搬了一次家。

这一回,孟子的邻居是一位屠户,孟子年幼好奇,经常看屠户杀猪。孟子的母亲又一次带着孟子搬家。

最后,他们住在学宫附近,孟子经常看到文雅的官员们经过,也跟着学习那些进退礼仪。孟子的母亲说:"只有处在这个地方,孩子才能学到好东西。"从此住了下来。

"孟母三迁"是很有名的历史故事。人的道德修养不是一朝一夕形成的,有好的父母监督、好的老师教诲固然重要,但"耳濡目染"四个字也不可小觑。长久地与那些道德高尚的人在一起,看着他们做事,自己自然也会做那些符合道德的事;相反,和奸邪之徒在一起,则会变得恶毒而不自知。特别是那些没有判断力的小孩子,更要让他们与善人、君子为伴,才能保证他们本性的淳朴,这就是孟母为什么要三迁的原因。

一个重视道德的人,在独处的时候会反省自我,会检讨自己的错误。圣人说:"吾日三省吾身,为人谋而不忠乎?与朋友交而不信乎?传不习乎?"就是说一个重视道德修养的人每天都要观察自己对工作是否尽职,对朋友是否诚信,是否温习了学到的知识。现代社会节奏快,我们也许无法做到"三省吾身",但如果能常常以这些标准检讨自己,及时改正,就是难得的对心灵的呵护,也能够保证我们守住自己的道德底线。

独处时候有限,多数时间我们要与他人接触,这也是我们修身养性的大好机会。在别人身上,我们固然看到一些缺点与不足,但同样能看到他们的优点以及人格上的高尚,他们就是我们的活教材。看到别人的好处,立刻学习效仿,这就是古人说的"见贤思齐"。

一位老板正在机场等候班机,因为风雪的关系,班机一再延误,乘客们在候机大厅里喝着早已冰凉的咖啡，心情越来越烦躁。老板的火气也越来越大，训斥起随行的秘书。

突然听到"啪"一声，一位女士手中的咖啡杯掉在地上，这是一位穿着华贵、戴着墨镜的中年女士，从外形上看，很像某个女明星。人们不由盯着她那件崭新而鲜艳的衣服，还好，咖啡没有洒在上面。可那位女士却很尴尬，她向周围的人道歉，在手提包里翻着什么，好不容易才找到一张纸巾，只见她蹲下身，认真地擦拭着地板上的咖啡渍。

本来在高声呵斥秘书的老板，突然放低了声音，他突然意识到，一个有身份的人在任何时候都要注意自己的形象，这位女士就是自己的榜样。

"见贤思齐"是指人们看到那些德才兼备的人，就会打心底里希望自己和他们一样。特别是当自己有错误时，看到那些处世更好、行为更佳的人，如同照了一面镜子，立刻意识到自己的不足。就像故事中的老板看到那位端庄的女士，立刻收敛了自己的脾气。

照镜子是我们每天都要做的事，我们需要镜子来提醒自己是否仪容不整，是否有碍观瞻。在品德上，我们也需要常常照照镜子，这个镜子不能是我们自己，因为自己对自己的认识难免有偏差与误区，只有与那些真正有美德的人做个对比，我们才会确切地知道自己的不足。而且这种方法也最立竿见影，不需要你长时间地思考，只要看到好的，立刻效仿，今后一直照着做，简单而又有效。品德上的修养永远不嫌多，见贤思齐在任何时候都不会出错。

想做到见贤思齐，就要有基本的道德判断力，判断出了错，见"不贤"也去效仿，那就成了悲剧。要善于判断一个人的人品高下，也要善于选择自己的朋友，亲贤者，远小人。和那些高尚的人接触，为人就会日渐厚重，心灵自然会变得越来越高尚。这个时候，你也就成为了一个思齐的人想要接近的贤者，你的一举一动，也成了他人的镜子、他人的榜样。

·004·
放下自以为是的态度

有只驴子读过一些书，认识不少字，很多动物称赞它有学问，它就以为自己是世界上最有学问的。它经常自以为是，对动物们指指点点，以炫耀自己的才学。

这一天，驴子遇到了一只夜莺，这只夜莺是森林里著名的歌手，她声音甜美，唱起歌来令听众陶醉不已。夜莺有礼貌地跟驴子打了招呼，驴子说："夜莺啊，我早就想和你说说话，你是这森林里最有名的歌手，但在我看来，你唱歌也不是十全十美。"

夜莺欢快地说："世界上没有十全十美的歌手，我也很想知道自己的缺点，如果你愿意就给我提提意见吧！"驴子一本正经地说："我认为你唱歌的确不错，可是，你的声音没有公鸡洪亮，你听过公鸡打鸣的声音吗？如果用那种声音来唱歌，那多么震撼人心！我觉得你应该考虑拜公鸡为师，学习一下打鸣的技巧。"

驴子的这番话说完，夜莺很客气地道谢，其他的动物都哈哈大笑。没多久，整个森林都知道了驴子的这番高论。但驴子仍然以万事通自居，走到哪里都要指指点点。

自以为是的人常常让人哭笑不得，他们总以为自己是万事通，凡事看到了就要掺和进去，发表自己的一番"高见"。不过，这种人就像故事中的那只驴子，对根本不了解的事说三道四，让人笑话。实际上，当他们侃侃而谈，说得头头是道的时候，大家都知道他们在不懂装懂。他们说的话，只会被当作胡言乱语，谁也不会重视。

人的学识就像一个容器，最好的应是那种庄严的大鼎，不但有容量，而且有重量，看到的人既了解他们的分量，又不能轻易猜测出他们的底细。而那些喜欢夸夸其谈的人，他们的学识就像玉杯，让人一眼就看到了底。更糟糕的是，因为他们太爱张扬炫耀，这个玉杯连底儿都没有，什么也托不住，只给人留下肤浅的印象。如果一个人不能妥善对待自己的才学，就会成为没有底的玉杯，让人遗憾。

自以为是的人在炫耀学识的时候，必然会被真正的有识之士发觉，出于尊重，他们也许不会当面指正，但在心理却难免轻视这种浅薄之人。处处以自己的意见为重，难免和人发生冲突，以肤浅的学识去抗衡深厚的学识，自己还没有自觉，这样的人走到哪里都会被人笑话。

章华永远记得年少时，班主任为学生上的一节特别的课。那一天班主任宣布课外活动，带着学生们走到野外。那时正是秋天，稻子成熟，老师对学生们说："这稻田一望无际，但稻子的质量却不一样，有些稻子割下来是实心的，有些里边却是空的，这种稻子就叫稗子，你们知道稻子和稗子有什么区别吗？"

学生们纷纷摇头，老师说："你们仔细观察，田里的稻子有何不同？"

"有的抬着头，有的低着头！"有学生说。

"没错，那些低着头的稻子就是实心的，因为它们有内容，也有修养，它们知道自己的一切都来自于大地，所以将头谦虚地朝向大地。而那些昂着头的就是稗子，它们没有内涵，却骄傲自大，所以将头朝向天空，唯恐别人看不到。你们今后一定要注意，不论有多大的本事，都要像稻子一样谦虚，否则，就会成为没有多大用处的稗子。"班主任说道。

孔子说："知之为知之，不知为不知，是知也。"想要得到真才实学，就要像稻子一样的，这样的人才厚重。那些对事情一知半解便开始扬扬得意的人，也许有人会被他们那故作高深的外表蒙蔽，但他们却会在真正的行家面前露出马脚。

对待知识我们需要一种谦虚的态度，知道就是知道，不知道就要虚心学习。不要以为别人不如自己，别人那里永远有你不了解的知识，你需要做的是把它们收为己用。还有，自欺欺人最不可取，因为世界上没有那么多傻瓜，更多的时候是别人不说，在心里拿你当傻瓜。

和人相处，我们更要有谦和的心态，术业有专攻，没有人能样样全能，每个人都有特长，在自己不擅长的方面，切不可摆架子，要做到不懂就问，一知半解只会让自己更加无知。懂得了什么也不要急于表现，要做一个有学识并且有道德的人。品德若是与学识相辅相成，就像陈年美酒，越是沉得住，越是香醇浓郁，让人向往。

· 005 ·

不经意的恶语，便能造成深深的伤害

一位老诗人正在一所大学为学生们演讲。老诗人年事已高，声音有些颤抖，他所讲的那个理论也还停留在几十年前，早已过时。出于对老人的尊重，观众们用心地听着，不时报以掌声，这时一个学生大声说："讲的东西早就过时了！这样的诗歌放到现代根本没人会去看，更记不住。这些东西也只有老古董会去读几行！"

现场的气氛冷了下来，老诗人的双唇颤抖，好不容易才把演讲稿读完。观众们都对那个学生投以冷冷的目光。演讲完毕，老诗人伤心地乘车离去，据说回家后一直很沮丧。那个学生听说这件事后，很后悔自己的失言，他想向老人道歉，又知道道歉于事无补。只能盼望这位老诗人早日想开点。后来，老人通过别人知道了他的后悔，托人转告他说："不要在意这件事，我已经不去想它了，你也忘了它吧。今后说话要考虑别人的心情，不要无缘无故地伤害别人，因为你眼中的错误，可能是别人一辈子的坚持。"

良言一句三冬暖，恶语伤人六月寒。故事中年轻学生的一句话，让年迈的诗人伤心不已。学生只是年少无知，太不会顾及别人的心情，老人最后虽然原谅了他，但内心的伤口其实并不能弥补。有时候一句不经意的话，就会毁掉他人的心情、他人的自信，甚至他人的生活，所以说话之前要多多考虑，不要口无遮拦、伤害他人的感情才好。

言者无心，听者有意，说话时要考虑别人的心情。一句话对你而言，也许不包含判断，不包含爱憎，仅仅是一句话而已，但在别人看来，那可能是一句让他心里觉得别扭的讽刺，也可能是恰好触到他痛处的挖苦，有时候还可能成为他评价你的依据。人与人交流靠的是语言，不重视语言，话拿来便说，丝毫不考虑后果，实属不智。

言为心声，对他人口出恶言的人，心中少了对他人的善意。一个人如果真正为他人着想，就会丝毫不考虑他人感受随便说话。也有一种人是刀子嘴豆腐心，嘴巴厉害心肠软，这样的人相处久了，了解的人也会与他好好相处。但终究不如那些会在言语上多加重视、从来不出口伤人的人来得亲近，和这样的人相处，得到的是一种精神上的安慰，他们永远会以温和的态度与你交流，即使提出批评，也会让你乐意接受。

作为森林之王，狮子是一个讲究领导艺术的统治者，它从不让自己的臣民难堪，即使提出批评，也会选择最容易让人接受的方法。

一天，山下的农民跑来告状，说山上的猴子偷走了田里的玉米。狮子表示它会处理这件事。它让人叫来猴子，对猴子说："去年一年，因为我的领导失误，森林里发生了很多事，我没有带着大家得到更多的粮食，导致你们一家吃不饱饭，只好去山下拿一些玉米给家里的老人填饱肚子……"

猴子没想到国王如此体恤下情，它感动地说："的确是我们不对，不应该去偷农夫的玉米。今年我们会更勤恳一点，不再让这种事发生。"最后，猴子满面笑容地出了王宫。一次"批评"，让动物们对国王更加心悦诚服。

批评人最需要技巧，否则就是不被人欢迎的指手画脚，还常常招来他人的抵触心理。故事中的狮子首先检讨自己，然后再说别人的不是，用自己的诚恳换来他人的虚心，这就是会说话的人。会说话的人他们把交谈当作一种艺术，注重的是沟通的效果。

耐心与平等是友好沟通的基础，不论是夸奖别人还是批评别人，切记不要说"过"。想要夸奖一个人，用平和的语言、真诚的态度会让被夸奖人得到信心和鼓励，看到自己的价值和作用，这样的夸奖人人需要、人人喜欢；如果总是夸奖，夸过了头，就成了让人厌烦的奉承。想要批评一个人，如果能够推心置腹，处处为对方考虑，诚恳地与对方交换意见，自然能让人心悦诚服；如果高高在上，就会让被批评者产生逆反心理，甚至会把你的好心当作恶意。你开的是良药，人家没准当作炮弹，记恨于你。

一个有德行的人要留心自己的言语，不要说不该说的话。不该说的话有三种：流言、闲言、他人的缺点。流言就像空气中的鸡毛，你说了就再也收不回来，你也成了传播是非的人，会遭人鄙视；闲言是无聊人士茶余饭后的谈资，你也许不能不听，但不要跟着参与，因为你并不了解事情，没有发言的权利；他人的过错如果在他面前说，那是批评；在人的背后说，就不是君子所为，必须避免。任何时候都要让自己的语言符合道德规范，语言是为了交流产生，一定要把它当成维护人与人关系的工具，而不是伤害他人感情的利刃。

·006·
先听别人怎么说，不急于表达看法

某大学教授在讲授选修课，几周之后，他发现听课的人越来越少。这一天，他提早结束课程内容，和学生们谈话，他问学生："为什么大学生这么爱逃课？"

"因为大家都觉得老师讲课没意思，还不如去自学。"学生们说。

教授听完说："现在的学生真让人无奈，当年我在北大，生怕错过老师的一堂课，每堂课都早早去占位置，唯恐漏下一句。难道他们不知道人外有人，天外有天？"

"恐怕就是如此。"有学生说。

"年轻人搞学问就好比种花，如果不把自己埋在土里，让人灌溉，如何能开出花朵呢？可惜可惜。"教授叹息。教授的这番话被学生传了开来，不久之后，课堂里的学生越来越多。想来是他们听了教授的话，觉得有道理，纷纷回到课堂。

现代社会难免浮躁，每个人都希望自己能够尽快脱颖而出，多数人迫不及待地想表现自己，处处招摇，唯恐别人看不到自己。故事里的老教授希望总是逃课的学生能有谦虚的心态，把自己当作一颗需要浇灌的种子，而不是早早开放的浮躁花朵。

在浮躁的心态下能有什么样的好成绩？我们举个简单的例子，先来算这样一笔账：古代人想要功成名就大都"十年寒窗"，如果两个书生，一个在十年之内不断读书，不断积累学识；另一个有些天资，在读书的同时不断走亲访友，拜谒名人。十年之后，谁的学识更深厚？答案很明显，前者也许金榜题名，后者也许成了王安石笔下的那个方仲永。

事情不能一概而论，也许后者又懂读书又懂与人交际，和前者一样得到功名。这时候，前者因为历年来养成的习惯，继续刻苦读书，并对工作勤勤恳恳；后者呢，多年来的习惯让他继续半调子式地读书，更加勤快地找关系。再一个十年，前者如何？后者如何？最后究竟谁会有真正的学识、真正的底蕴？答案不言自明。

青年画师年少得志，成为皇帝的御用画师。他听说长安城外有座书院，里面有师傅画画很好，堪称国手，很多大画家都去向他请教，就去拜访那位师傅。

年轻人对师傅说："我一直想拜一位出色的画者为师，也见过不少画家，发现他们都很平庸，还不如我这个初出茅庐的年轻人。"师傅说："你远道而来，一定口渴，来喝杯茶吧。"

年轻人拿起茶杯刚要倒茶，师傅却说："错了，错了。你应该拿着茶杯，向茶壶里倒茶。"

"怎么能用茶杯向茶壶里倒茶，老师傅你糊涂了吗？"年轻人说。

"原来你也懂得这个道理。那么，你始终把自己摆在比其他画师高的地方，总是认为自己比他们更厉害，这不就是茶杯以为自己能向茶壶里倒茶吗？"

年轻人听了，大为惭愧，从此虚心向人求教，画技果然突飞猛进。

眼高手低是不少年轻人的通病，凡事说得好，心气高，真要做起来却并不是那么优秀。这样的人不是没有才能，不是没有前途，只是他的才能并没有他预想得那么多。如果再不知道虚心的重要，拒绝接受他人意见，他们的前途自然也不会像自己想得那么好。

就像故事中的禅师告诫年轻人要当一个茶壶下的茶杯，想要进步，最重要的是先把自己的身段放低，你的眼光应该在最高处，但你的心态一定要在最低处，随时接受他人的教诲，随时补充对自己有益的各种知识。没有人肯对一个高高在上的人说教，你的态度谦虚，别人才愿意指教你，你越真诚，越能得到真知识。同时，也不要随随便便对他人说教，也许你的意见根本没有建设性，多听少说，谦虚的人都知道耳朵比嘴巴更重要。

西方一位哲学家说："想要到达最高处，必须从最低处开始。"有了一点成绩就飘飘然，这样的人做不了大事。总以为自己的成绩多么了不起，就是限制了自己的目光，看不到别人的优秀。想要做大事必须学会"手低"，善于做小事，把每一件具体的小事做好，以此去实现自己的远大志向。正视自己，保持谦虚，这就是做大事者必备的心理素质。

·007·

善待他人，善意会被传播

在一条街上，流传着一个"孤儿老人"的故事。这位老人心地善良，一辈子先后收养了几十个无家可归的孤儿，供他们上学读书。这位老人的善行让人们感叹，人们自发捐款，为老人募集了一个"孤儿基金"，以减轻他的压力。

有电台记者来采访老人,问老人为何有如此善举,老人说:"因为我曾经是个孤儿,是一对好心的老人收养了我,并供我上学。我的养父母早已去世了,但我常常想起他们。"

如今,老人已经去世十年,他的名字依然被这条街上的人铭记着。人们用他的事迹教育自己的孩子要做一个善良的人,把爱心传递给更多的人。

爱心最能体现一个人的品德,故事中的老人并不富裕,也没有做出过什么丰功伟绩,但他的名字却一直被人们纪念。比起世间的名利,人们最重视的始终是一份真情,人们最尊重的始终是一颗肯为人着想的高贵的心。

据说在伦敦的一些教堂前,人们会习惯性地把口袋里的零钱扔在草丛和石子路上,过往的行人也不会捡起来据为己有。这些钱是为了给那些贫苦又非常有自尊的孩子的,这点点滴滴的爱心折射的是人们无私的灵魂与对他人的同情。

我们每个人的成长都离不开他人的爱心,从小到大,有多少素不相识的人曾经帮助过我们?当我们摔倒的时候,扶起我们的也许是并不认识的人;当我们有困难时,给我们援助的也许是根本没有来往的人。他们没有义务帮助我们,仅仅是因为他们有一颗爱心,看到弱小需要扶助就忍不住帮忙,看到旁人陷入困境,不愿袖手旁观。

这样的爱心存在于每个有德者身上。有爱心的人待人温和,他们愿意让自己也让他人相信人与人之间的关系是美好的,人情味是可以超越功利性而存在的。爱心是一条纽带,把陌生人连在一起,也能让那些孤单的人感觉到温暖,让那些愿意给予的人察觉到自己的价值。

两个富翁同时到了天堂,他们是多年前的朋友,后来做各自的生意,到了不同的国家,再也没有联系。此刻,他们相逢在天堂门口,不禁感叹各自的遭遇。他们看到对方穿着朴素的衣服,都诧异地问:"你看上去怎么这么贫穷?"

一个说："一直以来我都是个富有的人，我把赚来的钱全部换成金条存在我的地下室。可是前段时间，我所有的金条都被盗贼盗走了，我成了穷光蛋。而我死后，也不会有人记得我，我觉得我的人生非常失败。"

另一个说："我也曾经是一个把钱全都藏起来的人。晚年的时候我生了一场大病，医生好不容易才把我救回来。我突然觉得人一死，拥有多少金钱都没有用，所以我决定把它们分给那些更需要的人。死之前，我已经捐出了自己所有的财产。相信不久之后，世界各地都会有以我的名字命名的慈善基金。"

两位富翁，两种人生，一个将财富用于帮助他人，一个将金钱放在身边直到两手空空。实际上世界上的一切都只能短暂地存在于我们手中，与其抓住不放，不如用它们去帮助更多有困难的人，这就是善良，就是善待他人。

有德者慷慨。古语说："路行窄处，留一步与人行；滋味浓时，减三分让人食。"善待他人也是善待自己，就像一条窄窄的路，如果能为迎面走来的人留一步，自己也能很快通过；相反若是寸步不让，只会耽误自己和他人的宝贵时间。

善待他人的人经常忘我，也许他们并没有忘记自我，只是为了帮助别人，忽视了自己的利益。他们的善行会被那个被援助的人牢牢记在心里。为什么说"好人有好报"？就是因为当好人遇到困难时，那些曾被他帮助的人都会同情他、援助他，因为每个人都有最基本的良知。

良知是道德的基础。一个品德高尚的人不会对个人利益斤斤计较，他们身上没有这种浮躁气息；相反，他们更看重他人的利益，体谅他人的不幸。在这个功利而浮躁的时代，想要有一颗禅心就要谦和对人、谦虚处世，把"道德"摆在最端正的位置。如此一来，才能在众人汲汲营营之时，保持心中的那份坦然和慷慨。与人为善，让人如闻琴瑟，如沐春风。

第二章
做自己，不必在他人的世界里争个明白

人世百态，有人追逐名利，有人沉溺声色，有人惑于成败，有人痴于爱恨，你方唱罢我登场。若能将这名利色阵看透，不争不斗，才算得上睿智。

慈悲是不争，慈悲的人懂得用心灵思考人生。凡事需要看明白，而不需要争明白，不必为身外之物费尽心机，守内心淡泊和善，才能于不争中尽享人世风光。

· 001 ·

不争，也有自己的世界

北宋文豪苏东坡有位叫佛印的好朋友，佛印是一位高僧，他们二人经常聚在一起畅谈佛道。两个人志趣相投，天性幽默，经常互相抬杠取乐。

这一天，二人谈到"相由心生"，苏东坡问："佛印，你看我像什么？"佛印说："我看你像一尊佛！"苏东坡说："不过我看你倒像是一堆牛粪！"说着大笑，佛印笑而不语，也不理他，继续与他谈论佛法。

苏东坡自以为占了便宜，回家后把这件事告诉了自己的妹妹——美丽聪明的苏小妹。苏小妹听了之后说："哥哥，你怎么觉得自己占了便宜？人说心中有，眼中就有。佛印的眼中，一切都是佛，说明他心中有佛；你呢，看到的是堆牛粪，你说你心中有什么？"

苏小妹的话一针见血，苏东坡听完，惭愧不已。

苏东坡乃性情中人，不失可爱；苏小妹天资聪颖，一针见血；佛印则修为深厚，淡泊睿智。世间也有这样三类人，一类是平常人，有各种各样的脾气喜好，喜怒哀乐发于心，由着性子做事；一类是聪明人，他们会收敛自己的锋芒，克制自己的脾气，却能知晓事情的关节所在；还有一类是淡泊的人，他们既有智商又有情商，既有平常人的七情六欲，又有聪明人的目光如炬。

淡泊是一种境界，凡事做得精，走得高，到了一定程度，就会不为事物所累，做到淡泊。他们能够做到进退得宜，掌握分寸。伤心不再是一味地伤心，淡泊者却能够看到事物的另一面，做到哀而不伤；聪明不再有强烈的针对性，他们能做到看透人事，保持自己心中清净。聪明到了超脱的境界，就是睿智，淡泊者当得起睿智的评价，他们最大的特点是不与人争。

在我国古代，宰相是一个重要的职位，人们常说国家好不好，靠的不是皇上，而是宰相。皇上只要不太离谱，有个好宰相，依然能国泰民安。皇帝们也都明白这个道理，都想找个最好的宰相帮自己分担国事。

有个皇帝刚刚登基，一朝天子一朝臣，皇帝要选一个新宰相。候选人有两个，一个是前任宰相的副手，另一个是翰林院的大臣，两个人年纪相当，都有优秀的能力和深厚的学识，皇帝为选谁出任宰相大伤脑筋。这位皇帝少年老成，想到一个好办法。他派手下的太监秘密出宫，分别告诉那两个人："根据我的消息，皇上明天就会任命你为宰相！"

听到消息后，两个人的表现截然不同，副宰相兴奋得一夜睡不着觉，一整夜都在想明日如何谢恩。另一位大臣却镇定自若，丝毫没把这个好消息放在心上。皇帝听了手下的汇报后，摇摇头说："国家事务这么多，需要一个有平常心的人来掌管，听到要当宰相就睡不着觉的人，怎么能扛起一个国家的重担？"第二天，皇帝宣布由另一位大臣出任宰相。

皇上选择宰相看重心理能力，他知道一个国家事务繁多，宰相日理万机，大事小情一把抓，如果心理素质不好，今天听到捷报失眠，明天听到噩耗吃不下饭，如何能保持理性的判断力？可见皇上想要找的是一个睿智的人，他能够做到手有重权，心中淡泊，不被得失左右，一心一意只做自己的工作，这样的人才能让人放心。

淡泊者有一颗平常心，他们相信是你的终归是你的，不是你的强求也得不来。这并不是一种认命的状态，事实上他们做的准备可能比任何人都要多，具备的素质比任何人都要好，也比任何人都要适合他们想做的事。为什么还能做到罔顾得失？因为他们知道世事无常，有太多因素左右时局，不是一己之力所能更改。强求不是跟别人过不去，而是跟自己过不去。

淡泊者是有慈悲心的君子，他们的气度让人由衷钦佩。他们睿智，经得起大风大浪，在他们眼中，结局如何不重要，自己有没有得到也不重要，重要的是自己做到了、做好了，他们心中踏实。正因为少了对虚名的追求，他们才能比别人更加认真、更加执着；少了对回报的坚持，他们才能比别人更加超脱、更加快乐。

·002·
生活没有那么多事需要唇枪舌剑

李彤最近升了职，好友们为她摆酒祝贺。席上，李彤的一个同事小张喜欢卖弄，常常说话引得大家笑也不是，说也不是。几杯酒过后，这位同事又说："李白曾经作诗说：'春风得意马蹄疾'，说的就是小彤现在的情况！"

这时，一直看不惯他的小李说话了："这句诗是孟郊做的，你弄错了。还有，下一句是'一日看尽长安花'，这不是咒小彤？"酒席上的气氛立刻变得有些凝重，小李借着酒醉，历数小张的不是，搞得大家都没心思庆祝，小张喝到一半就告辞回家。大家都埋怨小李说："谁不知道小张是那个样子，何必跟他较真儿？"

很多时候我们喜欢争辩，因为自己是对的，他人是错的，我们争得头头是道，有时候难免咄咄逼人。就像酒席上的小李，一定要和小张争一争诗的作者是谁，但争这个有什么意义呢？也许小张根本没读过诗，也许他是故意说错引人发笑，如果真为小张考虑，不妨私下告知，既不扫他的面子，又纠正了他的错误，何必搞得大家都不自在。

我们都看过辩论赛，辩论双方引经据典，如果实力相当，会让我们看得痛快淋漓；我们都知道诸葛亮舌战群儒，他的才华和辩才让我们羡慕不已。可是，生活不是辩论赛，没有那么多事需要你唇枪舌剑。《红楼梦》里的林黛玉就是因为口头上从来不饶人，才不得人心。如果伤害到那些无关的人，倒还无关紧要，伤害到关心自己的人，却是得不偿失。

郑板桥说："难得糊涂。"这个"糊涂"是指为人处世有时不要太较真儿，凡事没必要辩个明白，争出个是非曲直，最重要的是心里明白。有时候顺水推舟卖个人情，既不损害自己的利益，也不伤害别人的感情，何乐而不为？一味较真儿，只会让身边的人不敢轻易与你讨论问题，害怕你认真个没完，扫了友好讨论的兴致。

北宋时期，苏东坡和僧人佛印是一对好朋友，二人志趣相投，经常在一起谈论佛道，也常捉弄对方。有一次，苏东坡写了一首诗赞扬自己心性清明，不受外界诱惑。诗曰：

"稽首天中天，毫光照大千。八风吹不动，端坐紫金莲。"

恰好佛印来苏东坡家里玩，苏东坡不在。他看到桌上这首诗，当即在诗后写了两个字："放屁。"写罢扬长而去。

苏东坡回家后看到这句评语，气得七窍生烟，当即跑到佛印的寺院要找佛印理论。佛印大笑说："咦，你不是'八风吹不动'吗？怎么一个'屁'就把你吹来了？"

苏东坡听后，这才察觉自己根本没有达到不受外界影响的境界，从此再也不敢吹嘘了。

又是一个关于苏东坡和佛印的故事。苏东坡写了一首诗，证明自己活得明白、活得透彻。睿智的佛印两个字就让苏东坡现了原形，什么明白、什么透彻，大家不过都是芸芸俗世的普通人，标榜自己只会显得做作，承认自己糊涂倒不失坦率。

世间的事纷繁错综，有时候你认为自己很明白，其实你看到的仍然可能是假象。有时候硬要追求真相只会让自己身心俱疲。而且，一人眼里一个真相，在夏虫眼里，不会知道冬天是什么，它的寿命也到不了冬天，跟它说了也没用，还会给它增加烦恼。我们有时不妨也做只夏虫，不必对自己根本摸不到的事物伤脑筋，做好自己的事才最重要。

在日常生活中，我们难免遇到纷争，只要看得透纷争的本质，就不必与人争一时的言语长短，就算听了别人几句闲言，也不必放在心上，更无须事事与人争个分明。要记得自己并不是全知全能，你所认定的事实未必符合他人的情况，想到这一点，就能在纷争面前泰然自若。旁人看你糊涂，你却比任何人都明白，这就是睿智者的最高境界——大智若愚。

·003·
别把自己看得太重要

英国首相丘吉尔是"二战"时的英雄，他与斯大林、罗斯福并称为"二战三巨头"。在生活中，丘吉尔是个低调而谦虚的人，他常对人说："不要太把自己当一回事儿。"

丘吉尔的这种见解来自他的一段亲身经历。"二战"时候丘吉尔发表演说，鼓舞英国人民的抗争信心，每一天，他都要赶往电台。一次，他的车子坏了，只能打一辆出租车，司机却说："对不起，我不能载您，我要回家听丘吉尔的演说。"

丘吉尔很自豪，但电台还是要按时去，他说："请您务必载我去电台，我愿意付5英镑！"5英镑在当时是一笔不小的数目，司机兴奋地说："赶紧上车吧，先生，我会以最快的速度将你送过去！"

"可是，你不是还要听丘吉尔的演说？"丘吉尔问。

"让那个演说见鬼去吧,现在只有您是最重要的!"司机回答。

人性有虚荣的一面,会为自己的成绩沾沾自喜,为自己的地位扬扬自得,当发现有人尊敬自己,即使表面上不表现出来,心里也会暗暗高兴。这一点,平常人与伟人并没有什么不同。在这个故事中,丘吉尔为自己的声名得意,但不到一分钟,就明白自己还不如5英镑。丘吉尔无须伤怀,因为比起他人,所有人都更重视自己的生活。

人们渴望得到他人的关注,因为渴望,才发愤努力让自己更加优秀,甚至在该休息的时候仍然勉强自己,在不情愿的时候还要强迫自己,用这种方式换来别人的称赞。但是,别人的称赞究竟有什么用?或者,别人的称赞究竟是发自内心的,还是随口敷衍的?我们并不能说清楚。说到底,虚荣的人渴望的是虚荣,得到的大多是虚假,他们最容易把自己当一回事儿,而在别人眼中,他们不过尔尔,没有特别的意义。

何况,人外有人天外有天,比起真正的高人,你还有很多需要改进的地方,如果为一点成绩就扬扬得意,就是缩小了自己进步的空间。一个人不能没有远见,要明白自己的斤两,才不会惹人笑话;如果不断炫耀自己,就只能停留在某一个层次,看到的只有这个层次,眼界无法继续开拓,这是一个人最大的损失。

王先生曾在一家大公司当总经理,可谓风光一时,众人都很巴结他。后来因为工作失误,他被撤销了职务,去当浙江大区的副理,相当于连降三级。王先生自觉脸上无光,很怕别人问起这件事,说起自己的工作总是闪烁其词。

一日,王先生在大街上遇到一位朋友,朋友说:"听说你不做总经理了?你调到哪里去了?"王先生说:"调到浙江去了,有空你过来玩。"两个人分开后,王先生总怕朋友在背后笑话他,惴惴不安了好几天。

没多久,王先生又碰到了那位朋友,朋友又说:"听说你不做总经理了?

现在是什么职位？"王先生有点恼怒，认为朋友是在故意给自己难堪，只好说："我调到浙江，现在是副理。"朋友一拍脑袋说："哎呀，你说过，我竟然忘了，对不起。"

王先生这才明白，自己在乎的事，别人根本不当回事儿；自己的风光，别人其实并不看重。各人有各人的生活，在别人那里，自己并没有那么重要。

被降职是一件丢脸的事，王先生深以为耻，可在别人眼中，升降最多是茶余饭后的一项谈资，听过便忘，除了别有用心的人，谁会记在心里？而那些别有用心的人大多对自己心怀敌意，为什么要被他们左右自己的情绪？看到朋友的"遗忘"，王先生终于明白自己没那么重要，不论什么事都是自己的，只要想通，都可以释怀。

如果我们愿意放下自我过度欣赏，就能发现你在意的事，别人并未放在心上，你的成功与失败，和别人的生活没有多大关系。没有那么多人等着看你出丑，也没有多少人在乎你是否受人瞩目，你放在心上的所谓"成绩"、"名气"，可以用来鼓励自己，让亲友欣慰，如果以为无关的人也能时时刻刻记在心上，那就是一种自恋。

自恋与自重不同，他们都看重自己，但自重的人在心底认可自己，希望得到别人的尊重；自恋的人却认定别人都得承认自己，看重自己。这种自恋放在心里还好，一旦别人知道，只会哭笑不得，尖刻的人也许还会问上一句："你以为自己是谁啊？"

睿智的人一向警惕自我膨胀，保持谦虚低调，他们不会因为成绩就把自己看得多么了不起，因为他们的眼光始终在更高的地方，他们想的永远是自己做得不够的地方，所以，他们能够更好地远离虚荣的烦恼。他们知道，在心里要认同自己，但不要太把自己的名气与成绩当一回事，只有这样才能不断进步，让别人真正把你当一回事儿。

· 004 ·

胜利的时限往往都是短暂的

三个人正在谈论如何悟道,其中一个说:"我们悟道不过是为了知晓世事无常,你们还记得究竟在什么时候,无比深切地感受到这一点吗?"

一人说:"我在小时候就感受到了这一点。有一次我坐在葡萄园里,看到葡萄藤上悬挂着串串葡萄,饱满可爱。没想到不到一个时辰,就有人前来摘取,葡萄园立刻变成一片狼藉,我这才发现美丽是短暂的。"

另一人说:"我在年轻的时候领悟了这个道理。有一天我独自坐在池边,看到荷花开得正好。这时几条船行了过来,有人跳进池中嬉戏,不一会儿荷花池就被糟蹋得不成样子了。"

提出这个问题的人说:"我直到老年才明白这个道理。我曾经是这个国家最有名的将军,有一次在战场杀敌,我中箭落入河中,幸好漂到一个岛上为人所救,半年后我才能起身回国。皇帝和百姓都以为我死了,给我立了一座墓碑,我才发现功名不过是一座墓碑。"

很多时候,感悟都是悄然而至的,一件普通的事、一个普通的场景,可能让人想清楚一直想不通的事,这三个人的经历便是如此。什么样的事能让鼓噪的心灵在顷刻间归于平静?恐怕要数亲眼看到曾经显赫美丽的事物到了末路时。

一切美丽都是短暂的，一切胜利都是短暂的。果实转眼就被摘取，花朵不过一个季节就会尽数凋残，叱咤风云最后的结局也不过是一座墓碑，这种强烈的对比最能震撼心灵，看得多了，就会反思人们究竟在争夺什么？果实想要结得最大，结果最先被人摘取；花朵想要开得最美，却第一个失去生命；生前争得你死我活，死后不过是墓地里两块并排的方碑。

想得更深入一点，就会发现世界上的事，不论你费了多少心思力气，得到后多么欢快喜悦，也只能暂时拥有。因为一切都是短暂的，不论你得意还是失落，得到还是失去。智者为什么总是追寻超脱？因为有一双看透世事的眼睛，让自己学得会不去计较，才能更好地享受来之不易的生命，让短暂的生命不致在无用的情绪中被消磨浪费。

古时候，有一个铁罐子和一个陶罐子，铁罐子里放着干果，而陶罐子里放着鲜果酿出的美酒。陶罐子扬扬得意地说："你看，我是多么美丽，我有五彩的外观，又装了上好的酒，我是世界上最尊贵的罐子！"

铁罐子很不服气，它讥笑道："你有什么了不起，如果有人不小心碰你一下，你立刻就会变成碎片，而我，不论怎样磕碰，即使发生地震，我也安然无恙！"

陶罐子和铁罐子争执不休，后来他们分别被送给他人，从此再也看不到彼此。没过几年，陶罐子被人不小心打碎，碎片扔到了一条河里，它想起铁罐子说的话，不由感叹："看来铁罐子说得没错，我的美丽多么不堪一击。"又过了不知多少年，陶罐子的碎片被考古学家捡到，放进了博物馆。令陶罐子惊讶的是，它的旁边正放着当年的铁罐子，只是，铁罐子早已锈迹斑斑。两个罐子感慨万千，铁罐子说："分开以后，我被放在一个地下室，没过多久就生满铁锈，被主人扔掉，最近才被人挖出来。我以为你一定在哪个王宫里！"

陶罐子说："我的遭遇和你一样，好不容易才能在这里歇下来。今天我才明白，一切美丽和坚固都是暂时的，我们以前真不应该争吵。"

故事中的陶罐、铁罐曾经看彼此不顺眼，挖空心思想证明自己比对方优秀。等遇到厄运，又羡慕起对方，承认自己还不如对方。直到它们垂垂老矣，才聚在一起客观地看待自己和对方，亲切而平和地拉拉家常。如果它们早就知晓世事无常，它们会有更多相知相伴的回忆。

如何做到睿智与淡泊？答案是多看多想，看一看那些曾经美丽的如今变成什么样。古人说："眼见他起高楼，眼见他楼塌了。"就是知晓了任何事物都不是永存，懂得事物的结果，自然也就少了与人摩擦争执的心理，或者更愿意让别人一步。

需要知道的是，看透事物并不代表对事物绝望，而是因为我们看透了一切的结果，才可以做到不去计较过程中的得失。生命只有一次，很多体验也只有一次，如果不能做到全心全意，就是最大的损失。淡泊的人明白一切都是暂时的，但淡泊不是虚无，而是珍惜。

·005·
憎恨是解决事情最坏的方法

森林里的狗熊爱吃蜂蜜，经常趁小蜜蜂不在家时吃光它们好不容易采集的蜂蜜。这样的事发生几次后，小蜜蜂们非常气愤，决定报复狗熊。

一只老蜜蜂说："孩子们，不要随便憎恨别人，更不要随便报复，否则只会两败俱伤。"小蜜蜂们正在气头上，哪里肯听老蜜蜂的话，它们成群结队地闯进狗熊的家，用身上的毒刺刺狗熊，狗熊被蜇得半死，小蜜蜂们终于报了一箭之仇。

可是，蜜蜂一旦蜇了别的生物，自己就会死亡，刚刚报了仇的蜜蜂们很快都死掉了。老蜜蜂叹息道："早就跟你们说过，与其仇恨不如宽容，解决事情的方法那么多，你们为什么偏要选择最坏的一种方法？"

蜜蜂成群结队去向狗熊报仇，出了一口恶气，却也断送了自己的性命。憎恨是一把双刃剑，有时伤敌一千自损八百，有时两败俱伤，而有时只会伤到自己。正如老蜜蜂说的那样，憎恨恐怕是解决事情最坏的一种方法。

憎恨来源于争执，来源于不可调和的摩擦，但我们要明白，在生活中，谁都会做出损害他人利益的事，我们自己也不例外。他人可能是有意的、可能是无意的，但事情已经发生，损失已经造成，我们能够做的是想办法让损失变小、伤害变小，而不是搞得它越来越复杂，越来越没完没了。

一个人如果心怀仇恨，他的视野就会变得狭小，他每天唯一想到的事就是报仇，不会再有任何欢乐，而报复这个行为是接连不断的，你报复了别人，别人就可能报复你，所以人们常说冤冤相报何时了，就是奉劝世人应该及时化解怨恨。有误会，就要及时消除；有不满，也要及时指出。就算真的吃了亏，也要看看对方的情况，考虑共存的可能，而不是一下子就把对方视为仇敌，不打倒对方誓不罢休。

　　宋朝时，有一个叫吕端的官员，他才华出众，在年轻的时候就被任命为副宰相，这项任命引起满朝哗然。朝臣们都说："他这么年轻，能有什么才干，恐怕是靠拍马屁才当上副宰相吧！"有时候吕端走在前面，后面就有人说这种话，吕端从不回头看一眼。

　　几个好友为吕端抱不平，想要告诉吕端谁在造谣生事，可是吕端却劝他们不必如此，他说："我年纪轻，担任到这个职位难免有人说闲话，这也是人之常情。如果我不知道是谁说的，就能保持一颗平常心；知道的话，不但自己心里乱，看到他也难免会怨怼。这样看来，还是不知道的好。"朋友们都赞叹："这真是'宰相肚里能撑船'！"

　　这件事很快传到朝廷上，人们都为吕端的心胸所折服，从此再也不嘲讽他了。

　　吕端对待仇恨有自己的一套办法，他并不想知道谁在议论自己，就是不想心中萌发仇恨的种子。面对矛盾，他选择了宽容，这种选择不但避免了自己的烦恼，还换来了他人的尊重。由此可见，对待仇恨的最好办法就是宽容。

　　一个人想要得到什么样的对待，就要先用这样的态度去对待别人，这是人与人之间交往的基础，在对待仇恨上也是如此。当我们不小心冒犯了别人，我们希望得到他人的宽容，而不是记恨；当我们有时不得不损害他人的利益，我们希望得到他人的理解和原谅，在内心里，我们会想要在其他方面给予补偿。其实，那些冒犯过你、伤害过你的人也和你有一样的心。面对争执，如果你选择的不是憎恨，就会发现他人更愿意与你友好相处。

睿智的人懂得宽容，他们明白宽容的最终受益者是自己，以开阔的心态对待他人，一定能换来同样的对待。憎恨只会换来憎恨，只有宽容才能得到宽容，当你选择一种对待仇恨的态度时，不要忘记你是在选择一种生活：多一位朋友还是多一个敌人？这选择并不困难。

·006·
善意，让你忘记与他人的计较

一只蜘蛛走过地狱火海，突然听到一个人对自己说："救救我吧，小蜘蛛。"蜘蛛回头一看，只见一个男人正在地狱之火中忍受煎熬，十分痛苦。再仔细一看，原来这男人生前对自己有恩，他曾经在发大水时将自己放在无水的箱子里，使自己逃过一劫。

小蜘蛛知恩图报，就将蜘蛛丝伸进火中，想要把那个人拉出来。那人欣喜地抓住蛛丝，没想到，烈火中其他人看到这条蛛丝，也来拉扯，他们都想要摆脱火海地狱。

"千万别放开。"小蜘蛛对那人说，用力拉着蛛丝。那人看拉住蛛丝的人越来越多，心里着急，唯恐他人抢了自己求生的机会，干脆用力一拉，将蛛丝拉断。这样一来，别人固然再也拉不到蛛丝，但他自己也失去了脱离火海的机会。

人们有时很难控制对他人产生恶念，因为忌妒，因为不甘，因为竞争，因为希望他人倒霉、自己受益。在这个故事中，地狱中受苦的人就因为对他人的恶念，导致了自己失去脱离苦海的机会。由此可见，心中有恶念的人，伤害的不仅仅是别人，自己也会被这恶念伤害。

善与恶不同，当一个人选择善良，也许他会因此遭受欺骗和损失，但他的内心是坦荡的，他所做的事帮助了他人也帮助了自己，任何时候，他都不会被悔恨与惊慌折磨。因为他们对人对事常存善心，便不会心怀鬼胎，终日与人钩心斗角，害怕别人暗算自己。心怀恶念的人没有安全感，而心怀善念的人每一天都很踏实。

善良是什么？善良就是遇事的时候不要只想着自己，一定要想想他人的感受，在可能的范围内照顾到他人，即使那会损害到自己，也不要斤斤计较，而且，当看到他人有困难，不要袖手旁观，要保证自己有同情心和人情味。

一颗善良的心，必然能得到善良的回报。将心比心，谁不希望自己在困难中得到帮助？谁不希望自己在悲伤中得到安慰？如果你平日以温和亲切的态度和人交往，在他们有困难的时候尽可能地提供帮助，他们也必然能够感受到你的善意。其实，善待他人就是善待自己。

有位女记者经常去穷乡僻壤跑新闻。工作之余，她拍了很多照片，这些照片拍的是贫困孩子的生活状态，有孩子们用的课本，孩子们吃的饭食，还有孩子们渴望知识的眼睛。女记者将这些照片贴在自己的博客里，准备条件成熟后，为这些孩子联系资助人。

没想到，博客点击率出奇地高。女记者很诧异，报社的一位长辈告诉她："这件事并不奇怪，现代社会人们需要一些刺激，来维持心中的善良。这些弱小的孩子能够使他们保持同情心。人一旦有了同情心，就会更珍惜生活，也更懂得生活。最重要的是，让心中怀有善念，就能够抑制恶念，这是现代人需要的。"女记者恍然大悟。

现代有很多人心态浮躁，在竞争日益激烈的情况下，人们往往容易忽视这一点。这个时候，就需要培养自己的同情心，保持自己对他人的信任、对生活的热爱、对世界的热情，而且，这个社会需要同情心，人们只有互相关怀，才能共同进步。

善恶最能体现一个人的人格，一个人仅凭自己的成就在社会能够立足，但他所得到的仅仅是一己之利，如果他能够用自己的所得帮助更多的人，他将以善行吸引别人，这种人格上的吸引力更为持久。即使有一天这个人去世，他也会被更多的人怀念；相反，有些恶人虽然得到了一时的显赫，但人们会记得他的恶行，世代唾弃他，遗臭万年比流芳百世更加容易。

刘备说："勿以善小而不为，勿以恶小而为之。"多做一件好事，不会浪费你多少气力，却能让你收获长时间的好心情；做一件坏事，也许也不会花费你多少气力，却会让别人在很长时间没有好心情。两相比较，为恶不如为善。人的一生做一件好事容易，一直做好事却很难，但我们仍要把善良作为对自己的基本要求，因为善良的人不会愧对他人，不会感到内疚，在任何时候都能够抬头挺胸，坦坦荡荡。

· 007 ·

没人能赢一个不想争的人

三国时期，枭雄曹操占据中原，他很注意培养自己的接班人。当时，太子是曹操的二儿子曹丕，但曹操却更喜欢文采过人、名动天下的曹植。曹丕很慌张，害怕父亲换掉自己，曹丕的谋士给他出主意说："您不要慌张，也不要和曹植竞争，只要做好您自己的事，显示出您的品德和气量就可以了。"曹丕依言而行。

一次曹操即将出征，曹植抓紧机会朗诵自己歌颂父亲的文章，曹操听了很欢喜。再看曹丕，只见他突然流下眼泪，跪在地上说："父王年事已高，还要亲自出征，作为儿子的我真是担心。"满朝大臣都为曹丕的孝顺而感动。大家都夸曹丕恪守太子本分，不炫耀不争名，是最佳的太子人选。曹操再三权衡，也认为曹丕的心胸更适合做一国之君。最后，曹丕坐稳了太子的位子，并在曹操死后当了魏国皇帝。

三国时，曹丕与曹植争夺太子之位，这个故事常常被人们说起。人们说到的不仅仅是曹丕后来对曹植的迫害，还有开始的时候曹丕妥善应对的策略；也不仅仅是对曹植的同情和惋惜，还有从曹植的故事里吸取的教训。从曹植的角度来看，他有才华，深受曹操的喜爱，有一批拥护自己的大臣。倘若他能收敛锋芒，一门心思恪守儿子的本分，多多立下功劳，而不是锋芒毕露，就不会让曹操否定他，还惹怒了哥哥，导致他即位后的报复行动。

争与不争的确是个难题，很多时候，不争的人就是大争，往往是最后的胜利者。不争的人能把精力集中在事业本身，而不是细枝末节。他们全神贯注地想着自己如何能做得更好，而不是如何达到目的。可以说，不争之人少了一些功利，多了一些淳厚，最后终于水到渠成。

做事的时候，睿智的人想到的不是与别人争，而是从自己的角度，审视自己是否可以做好。何必管他人如何？他要争自去争，最后的胜利属于那个做得更好的人。任何时候，做事的比说事的人收获更多，有人机关算尽，就有人坐享其成。

在一座过街天桥下，有一位拉二胡的老人，他每天坐在天桥下拉着二胡，过往的人都会被那美好的音乐吸引，听完一段再继续赶路。这位老人并不是卖艺的，他只是喜欢音乐，想要找个地方和人分享自己的心情。

经常有人来天桥下找老人求教。有一次，天桥上的小摊贩好奇，拉住一个求教者问："这个老头到底是谁，为什么这么多人来找他学习？"那人说："他可不简单，以前是国家级的表演艺术家，放眼全国，有他这种造诣的人没几个！"

"这样的人，怎么会坐在天桥下？"小摊贩惊讶地问。

"这就是我们最佩服他的地方，对他来说，不论在天桥下也好，在外国总统面前也好，他都是一个样子。这才是真正的大师风范！"

淡泊的人具有真正的胜利者的风度。只有具有足够底气的人才能如故事中的老人那样，坐在任何一个演出场所，面对任何一位观众，面不改色，一视同仁。他的眼里只有艺术，他愿意真诚地与听到的人进行交流，也只有这样的人，能传达艺术的真谛，感动每一个听众。大师风范不是官方授予，而是口耳相传，见到的人为之折服，钦佩不已。

淡泊的人身上有怡然自得的生活感，他们看上去从不与人争竞，也不会和人发生冲突和口角，他们并非没有自己的脾气，却认为很多事根本不值得一争，自己的心情才是最重要的。他们用更多的时间完善自我，做自己想做的事，享受过程中的快乐，这种态度常常令旁人感叹不已，这是一种境界，常人不可能达到。

淡泊，并不是每个人都能达到的。只要有足够的智慧看穿得失，少一些贪婪，不要处处与人争执，一心一意地做自己该做的事，不强求结果，就是一种淡泊。人生短暂，难得的是平和的心境与幸福的心情。做一个睿智而淡泊的人，才能享受更多世间风景，拈花而笑、坐看细水长流、花开花落。

第二章
需要一份心胸，装得下大千世界

俗事扰扰，人想要的太多，故易斤斤计较，行止起居常怀担忧，难得安稳与开心。人生还长，路程尚远，你需要一份豁达的心胸，才能放下大千世界。

慈悲意味着豁达，不挽留逝去的事物，也不期盼分外的收获，更不计较世界的喧嚣与纠葛，万事顺其自然，得意失意都能安泰。

· 001 ·

无法改变的，不如顺其自然

有一位很有名望的老师住在深山里，很多人慕名前来拜访，想要聆听他充满智慧的言语。一日，几个大臣相约拜见这位老师，一行人在山中泉水旁谈天，有个大臣向老师请教万事万物的道理。

当时正是初秋，山里的树木半黄不黄，老师指着一棵树问："你们说，这树是枯萎的好，还是繁茂的好？"

"当然是繁茂的好!"有人说。老师却说:"繁茂的东西免不了枯萎。"

"我觉得枯萎的好。"又有人说。老师说:"枯萎的也会成为过去。"

"到底什么才是最好的?请您指点。"几位大臣同时作揖。老师说:"繁茂的就让它繁茂,枯萎的就随它枯萎,这就是最好的。"

繁华也好,枯萎也罢,大自然的一切遵循着四季规律,对于树木来说,春天抽枝,夏天繁茂,秋日结果落叶,冬日休养生息以待来年,这种轮回型的一生一息是最合理、最自然,也是最好的生存方式。如果放进暖棚,春冬不息地茂密着,恐怕树木也觉得疲惫,观者也觉得太过刻意。唯有自然的,才是最好的。

人生也是如此。人的悲欢离合就像月的阴晴圆缺,非人力所能改变。生老病死伴随着一个人的生命,所有人都会为它们苦恼,所有人都逃不开它们的束缚,这就是生命的本质。一个懂得自然的人,幼时嬉戏,壮时立业,老来颐养天年,就是生命的最佳状态。唯有这种自然,才能让身心达到和谐,领略每个年龄段的乐趣,这样的生命才能称为享受。

与人相处也应自然,人与人之间在冥冥中自有其缘分,否则如何解释茫茫人海你遇到的是这一个、这一些?当缘分来了,千山万水也躲不掉;缘分去了,一街之隔也会老死不相往来。在拥有的时候珍惜,在远去的时候珍重,领会这种自然,不强求改变,就是豁达。豁达的人不强求,他们知道万物的缘起,也知道生命的归宿,比起无尽的宇宙,人的存在太过渺小,如沧海一粟。世界上的一切都应顺其自然,每个人也要效法自然。

山里有一户贫苦人家。这一天,母亲给儿子一个碗,吩咐他去山那边的集市买一碗油。儿子装了满满一碗,小心翼翼地往家里端,可惜他越是小心,越是容易出错。在村口,他被脚下的石头绊了一跤,不但油洒了,碗也摔碎了。

孩子被母亲骂了一顿,母亲又给他一个碗说:"再去买一碗,这一次别再打碎了！"孩子刚要走，母亲又说："买半碗就行，回来的时候不用太小心，该玩就玩，该说话就说话。"

孩子按照母亲的吩咐买了半碗油。回来的时候，他像往常一样左看看右看看，没有留意手中的碗。这一次，他平平安安回到家。母亲说："越是过分在意，越容易出错，保持平常状态，才是最好的状态。"

一碗油洒了出去，就算再可惜、再抱怨也不能让它回来，与其白白生气，不如下次更加小心，用更好的方法；凡事太过小心翼翼，难免因为太过精细产生疏漏，只有保持最平常的状态，错误才能最少。所以要保持一份轻松平和的心态，这就是顺其自然。

一时有了不如意，不必垂头丧气，因为人生都有低谷，耐得住就能走到高潮；一时遭人怨恨，也不必非要解释，日久见人心，他总会知道你的真诚。有些人的一生都在追求不属于自己的东西，直到老死才明白什么也不属于自己，能够掌握的只有生命本身。可那些与年龄、感情、兴趣有关的欢乐早就被他抛弃，再想追回已是无能为力，徒留感叹和悔恨，倒不如一开始就知道什么最重要，在该珍惜的时候珍惜，好过日后后悔。

命里有时终须有，命里无时莫强求。自然的法则残酷却真实，你愿意接受它，它不会亏待你，你总是违逆它，是在为难自己。人如果能够顺其自然地生活，就不会在意那些终将成为过眼烟云的东西；若是想得开，看得透，就会知道与人争斗只会白白惹来烦恼。豁达的人不会为虚名所累，他们总能在纷扰的世事中得到自己的那一份感悟，并自得其乐。

· 002 ·

并非期盼就会得到，害怕就会失去

有一天，楚王外出打猎，在打猎回来的路上他不慎丢失了自己的弓。这张弓十分珍贵，有大臣马上派人去找。楚王听了却说："不必去找，我们回宫吧。"

"可是，那是一张珍贵的弓。"大臣提醒。

"那又怎么样？弓丢了，总会有人捡到，无论捡到的人是谁，不都是我们楚国人？这张弓仍然是楚国的财富，何必再浪费气力去寻找？"

孔子听到这件事后说："楚王的心还是不够大，为什么讲到丢掉的弓会被人拾到，还要计较是不是楚国人呢？"

失去了弓不去找回，认为捡到的人都是楚人，弓仍旧是楚国的财产。故事中的楚王可算是一位豁达之人，而孔子的理论则更进一步，他认为楚王还是太小家子气，明明已经决定不再找那张弓，却还是在乎捡到的人是不是楚国人。比起斤斤计较的人，楚王大度，但在真正豁达的人眼中，楚王仍然患得患失。

患得患失形容一个人对得失看得太重，不是担心得不到，就是担心失去手中的东西。患得患失的人没有一份稳定的心理，他们的意念始终在得失之间不断摇摆，没有片刻安静。患得患失的人也很难真正开心，当他不曾拥有什么的时候，他整天被欲念缠扰，总是想得到；等他真正得到了，他又开始担心到手的东西被人抢走，寸步不离地看管。不论失去还是得到，他们都没有安全感，所以他们的生活非常疲惫。

像孔子一样认为丢了东西是被人捡到，根本不需可惜的人，是圣人。圣人的境界我们很难达到，但我们可以做一个豁达的人。豁达的人并不是没有喜怒哀乐，得到的时候，他们也会得意；失去的时候，他们也会难过。不同的是，得不到的时候他们不会觉得生不如死，失去的时候他们也不会从此一蹶不振。他们不会让负面思维长久地陪伴自己，这就是看得开。

20世纪，美国的阿波罗号实现了人类第一次登月。当时，阿波罗号上有两位宇航员，一位是阿姆斯特朗，一位是奥德伦。阿姆斯特朗首先登上了月球，他那句"我的一小步，人类的一大步"成为了世界名言，与他的名字一起载入史册。

曾有记者问奥德伦："如果您当时第一个走下阿波罗号，就会成为登上月球的第一人，您有没有觉得遗憾？"

奥德伦却很达观地说："有什么遗憾？要知道，从月球回来，是我第一个走下太空舱，我是从外星球回到地球的第一人！"

阿姆斯特朗的名字早已与阿波罗号一起为我们所熟知，谁又记得同在一条飞船上的奥德伦？而奥德伦却早已看开了这件事：被人众口传诵是一种荣誉，参与了人类第一次登月也是一种荣誉，既然做到了这件事，何必在乎别人有没有记住？可见奥德伦是一个豁达的人。

豁达的人懂得开导自己，就像故事中的奥德伦以幽默回答记者，他们知道自己痛苦没有用，不如让自己达观一点、开心一点。得到与失去不能分离，当你得到的时候，愿望就已经达成，这不是很好吗？当你失去了什么，拥有就不再是拥有，不妨告诉自己那已经不是自己的东西，你失去了，也在这失去中得到了怀念的感觉。

每个人都要学会豁达，因为人生漫长，我们需要经历太多的得到与失去。如果凡事都患得患失，我们的一生也会在得与失中摇摆，忘记了生命的意义是向前走，或者走得太过崎岖，歪歪斜斜。做一个豁达的人，得到的时候告诉自己一切都会过去，就不会沉湎其中，迷失心智；失去的时候庆幸自己曾经得到，就不会忧伤度日，影响今后的生活。

·003·
一个人的成就与心胸成正比

在英国的一所著名大学，一位哲学老师正在进行一个测验，他将一张张白纸放在每个学生的书桌上，问他们看到了什么。

有些人说："老师，我看到的是一张白纸。"

有些人说："老师，白纸上什么也没有，我什么也看不到。"

极少数人说："老师，我看不到尽头。"

哲学家说："我欣赏你们，你们的思维没有边界，目光不只盯着一张纸，还能超越事物本身，想到别的可能。你们的眼界更高、心胸更宽，这样的人，更容易成功。"

一张白纸，有人看到的是白纸本身，有人看到的是空白，有人看到了无限种可能。第一种人活得现实，一是一，二是二，他们循规蹈矩，做着应该做的事，不会有任何出格的举动，他们的生命安稳，却也平淡；第二种人活得无力，他们认为既然一切都会过去，努力没有必要，活一天算一天，他们的生命轻松，却也空虚；第三种人活得有热情，他们认为生命只有一次，必须做点什么证明自己的价值，他们相信未来，也相信自己的能力。

相信梦想也是一种豁达，当一个人不为自己的出身自卑泄气；不为此时的弱小怨天尤人；不因一时、一事而对自己失去信心，武断地下定论，我们不得不佩服他的心胸，也由衷相信只有这样的人才可以成就大事——他能够接受自己，不论是优点还是缺点，都能够突破自己。

想做出一番事业，首先要有做事业的胸襟，要相信一个人的成就必然与他的心胸成正比。举个简单的例子，做事业需要有伙伴，这些共事者身上可能有你难以忍受的品德或者习惯，甚至有人会冒犯你，经常跟你唱反调。你能不能包容不合自己心意的那部分？如果不能，你只能吸纳自己喜欢的部分，最多是一条河；只有吸取更多人的力量和智慧，才能有海纳百川的恢宏气势，所以荀子说："不积小流，无以成江海。"

王硕与庄吉是商场上一对老冤家，他们都做器材生意，经常产生矛盾。王硕为了挖对手墙脚，常常对合作者造谣说："庄吉的工厂存在很大问题，产品常常有质量隐患。"庄吉听到这件事非常恼火，但他的经理经常劝他要戒急用忍，不可争一时之气。

有一次，有人找庄吉谈一笔大生意，没想到对方要的产品型号刚好不是自己工厂生产的那种，反倒是王硕那里的专长。庄吉想起经理常常劝告自己的话，就直接将王硕的手机号告诉了那位顾客，没多久，王硕就签下了这一笔巨额订单。

从那以后，王硕再也没有说过庄吉的不是，反倒主动把一些客户介绍给庄吉。双方发挥各自的优势，通力合作，很快打垮了其他对手，占据了国内市场。庄吉很庆幸自己当年的大度，否则，他还在与王硕争夺小市场，根本不会有今天的成就。

俗话说："宰相肚里能撑船。"想做大事就要懂得包容和妥协。故事里的庄吉主动与和他对着干的王硕和解，换来了一位强有力的同盟者；如果总是计较过去的那点仇恨，两个商人不断作对，两败俱伤，怎么会有后来的大成就？

想做一番事业，就要学会权衡，今天你可能吃了亏，但吃亏是为了将来的前途打算，比起未来的收益，一时的小亏算得了什么？何况为了一时的得失计较，眼光就只能盯住这一时，如何看得更长远？做事要看全局，不能只盯看局部，就像下棋高手不在乎一个子，甚至会丢卒保车，千万不要因鼠目寸光耽误自己的前程。

人要有容人的雅量，有时被人伤害，不要往心里去，只当一句过耳闲言，何必反复琢磨？人的心说小不小说大不大，整天放着琐事，还有什么空间装大事？对待他人的缺点，也要能担待、肯担待，不要过分苛责，与人的相处才能和睦长久。对待他人的错误，用谦和的态度指正，不要揪着短处说个没完，才能让人真正心服。要把精力放在那些真正重要的事上，有豁达的心胸，就能做到万物不介于怀。

·004·
计较不如比较，让自己成长

  骏马，一日千里，而驽马即使尽力，也不及骏马的十之一二。但骏马有骏马的短处，驽马有驽马的好处，各自有各自的优劣。骏马和驽马都有自己的活法，太过在乎自己与他人的差距，就是自己给自己找烦恼。有的时候糊涂一点不是坏事，笨一点又何妨？同样在努力，同样在做事，要注意的是自己做到的，而不是他人做到的，眼睛里只有他人，何来自己的生活？

  计较越多就会失去越多，因为人们计较的常常是一些小事，计较生活中的小事，会落个心胸狭窄、气量不够的名声；计较事业上的小事，就会一叶障目，不见泰山，耽误了正事；计较感情上的小事，就会以偏概全，对人产生偏见，影响两个人的关系。比较下来，就会发现得到的不过是一肚子怨气，失去的更多，让小事耽误了大事。

  计较不如比较，比较自己比他人差在哪里，学着让自己变得更好。用更多的时间达到别人用很少时间达到的事，其实并不丢脸。天资有差距，过程自然会有不同，但结果是一样的，自己得到的成就也是一样的。想要计较的时候不如先比较，看看那些自己没有的东西，努力得到，自然就不会再计较。不计较是豁达，缩短差距是积极，一个豁达而积极的人，什么事都能做成。

经济危机到来的时候,史密斯先生焦头烂额,他的工厂出现资金问题,如果不想倒闭,只能尽快裁员,史密斯先生大笔一挥,半数员工被解雇。

史密斯先生是个暴躁的人,平日对员工动辄训斥,被裁的员工无不对他咬牙切齿,甚至有人和他当面争吵。只有一个人没有对他横眉冷对,这个人就是清洁工人杰克。

当众人都已离开工厂,杰克独自一人擦着机器上的机油,史密斯先生看到这一幕,奇怪地问:"你已经被解雇了,为什么还要留在这里干活?"

"解聘书明天才生效,今天我仍是这里的员工,必须完成今天的工作。"杰克说。

"我平日经常对你发脾气,你难道不生气吗?"史密斯先生问。

"先生,你是我的老板,给了我工作,我必须尊敬你。"杰克回答。

半年后,史密斯先生的工厂情况好转,杰克收到工厂的聘书,邀请他回去工作。半年前和他一样被辞退的员工,则没有得到这个机会,他们依然为找工作而烦恼。

人与人的相处常常存在着计较。今天你得罪了我,明天我报复了你,烦烦琐琐,就像念珠一样没有尽头。与其这样煎熬,不如豁达一点,就像故事中的杰克,记得老板的好处,便不会在老板有难的时候落井下石,当然也就能得到老板的器重与扶助。

现实生活中,难免出现冲突,我们置身其中,有时会受到伤害。这个时候要告诉自己不要计较太多,不要让自己徒增烦恼。唯有如此才能做到心胸开阔,不被烦恼所累。不计较,既代表了一个人的智慧,又代表了一个人的心胸。

对事不对人是一种智慧。豁达的人并非任由他人打压,他们能与人保持友好的关系,就是知道对事不对人的重要。在职场中,每个人都有诸多的不得已，该争的时候就争，不能让的时候寸步不退；但这件事过去以后，相争的人仍然可以做朋友，欣赏彼此的为人与品性，在其他方面合作无间。不必为区区一件事在意，你计较越少，收获就越多。

·005·

对明天最好的担心，是做好今天的事

马老师是个天性乐观的人，好像天塌下来她都能像没事人一样唱着歌。她的这种个性很让学生们喜欢，为升学烦恼的学生们经常问她："难道您不会担心吗？难道您没有烦恼吗？"

"十年前，我的烦恼比你们还多。"马老师笑呵呵地说，"那时候我整天都发愁，担心工资不够，担心学生惹事，担心先生工作不顺利，担心孩子生病……而且那时候我的脾气很暴，经常大发雷霆，身边的人只能小心翼翼地对待我，对我敬而远之。"

"可是您现在脾气很好啊！"学生们说。

"是的，因为我先生的妹妹是个心理医生，她经常打电话开导我。比如我为了升职烦恼时，她就会说：'就算不升职又有什么关系？何况，你的工龄够，能力够，怎么会轮不到你？'就这样，每次我担心什么，她都让我知道我的担心是没必要的，让我顺其自然。渐渐地，我发现我担心的事很少真的发生，是我太过紧张，搞得自己神经兮兮。后来我试着控制自己的情绪，凡事都往好的地方想，于是我就变成了现在这个样子！"

一个人的性格与他的生活状态有密切关系。整天乐呵呵的人，凡事想得开，不会自寻烦恼；与人相处能够为人着想，被他人喜欢；他身边总是有欢乐的气氛，让人愿意接近。相反，那些整天忧心忡忡的人，凡事都钻牛角尖，劳神费心；与人相处总是给人带来压力，旁人能避则避，他总是带着一种忧伤的气场，让人不愿接近。就算两个人有完全一样的生活环境，后者依然不快乐。

对人对事应该豁达，凡事都往好的地方想，有担心就无法放心，无法放心就不能开心。有的人活着总给自己找乐子，有些人却反其道而行之，常给自己找闷子。要知道世界上的事大多不能合自己的心意，世界上的人也不会按照你的喜好做事，自然也就会与你有摩擦，让你纠结。不过要相信人心都有光明的一面，每个人都想追求一个和谐的人际关系，你如果处处设防、事事小心，有时会把好事想成坏事、美食当作鸡肋。

有个天性诙谐的百万富翁，经常做出一些让人捧腹的事。有一次，他在街边遇到一个乞丐，和这个乞丐聊起天来，他问乞丐："你每天睡在公园的长凳上，会做什么样的梦？"

乞丐说："我啊，经常梦见我住在帝国酒店的总统套间里，真是美！"

"那么，我今天就请你去住帝国酒店的总统套间，费用我来出！"富翁对乞丐说。

乞丐没想到会遇到这种好事，高高兴兴地进了帝国酒店。第二天，富翁问乞丐："老兄，总统套间的滋味怎么样？"乞丐皱着眉说："很豪华，很舒服，但我再也不想住了。"

"咦，这是为什么？"富翁惊讶地问。

"住在长凳上的时候，我梦到总统套间；住在总统套间的时候，我就会梦到我在长凳上睡觉。这真是太凄惨了！"乞丐回答。

一个乞丐难得有个机会住进总统套间，却做了整晚的噩梦，可见担忧太多的人，连幸福的机会都把握不好。人们总是担心自己拥有的东西不能长久，但担心有什么用？该过去的都会过去，想留也留不住，不如享受当前，珍惜时光。

　　过多的担心并不是好事，忧郁会影响人的健康，甚至会影响寿命。在一项针对老年人寿命的调查中，那些长寿的老人大多性格开朗，喜爱热闹，而那些忧郁的老人常常郁郁而终。生命只有一次，为什么要陷入忧郁，让自己的幸福感大打折扣？

　　幸福的时候固然不要主动走进阴影，就算有了不如意，也要看看事物的另一面，让自己心里有更多阳光。不要总是担心这个担心那个，不是担心自己有损失，就是担心他人会伤害自己。你以什么样的眼光看待世界，世界就会变成什么样子：心理阴暗的人，看到每个人都心怀恶意；心态豁达的人，看到的便是海阔天空。

· 006 ·

时光再令人惋惜，也终将成为过去

　　那些不能忘怀的过去，就如同心间的落叶，你不清扫，它就在原地落着，用枯黄的颜色和苍老的形态提醒你它的存在；你若真能将它收起来，很快也就想不起它的确切样子，最多记得有这么一回事，但它已经不能再烦扰你。心间的"过去"去一点少一点,唯有扫净烦恼,人的心胸才能呼吸。有一句话说得很好:生命里的所有时光都像是书页间的插图,再怎样赞叹惋惜也还是要翻过去。

  人们难免怀念过去,不论悲哀欢喜,都是我们曾经经历过的人生,也是不可替代的珍贵回忆。如果现实生活不如意,人们就会倾向于美化过去,在他们心中,过去的天比现在蓝,过去的人比现在单纯,过去的感情比现在纯真,过去的一切都有明亮的色彩,而现实却是黯淡的、苦闷的。沉浸在这种怀旧情绪中,人的精神也跟着沮丧。

  还有一些人,总是对过去受的伤害念念不忘,也许是受伤太深的缘故,他们总是反复诉说、悔恨,恨不得时间倒转重来一次,再做一次选择。他们认为自己是受害者,长久地抓着过去不放,希望给自己一个交代。事实上,过去就是过去,不会对你做出任何补偿,你缠着它,耽误的是你自己,为难的也是你自己。

  高中时,林奇与三个同班同学是好兄弟。毕业时,林奇考上上海的一所重点大学,几个朋友也各有出路,他们相约大学时一定要好好努力,今后做出一番事业。

  大学时,林奇一直记得当初的约定,刻苦学习。他发现大学时人与人之间的关系不像高中时那么简单,他和舍友、同学相处得不是很好,所以很怀念高中时与三个兄弟同进同退、推心置腹的那种友谊。毕业后,他本来可以在一家很好的企业工作,因为怀念高中时的朋友,他决定回家乡,和几个朋友相聚。

  没想到时间改变了许多事,朋友们外貌并没有太大变化,但各自有了各自的事业、家庭,见了面也没有多少共同语言。林奇十分痛苦,他觉得朋友们忘记了当初的约定。朋友们却对他说:"并不是我们忘了,而是各人有各人的生活,每个人都要面对现实,过去的话,就当作美好的回忆,我们只能为现在活着。"

消沉了一段时间，林奇终于决定回上海发展，他认为自己也该潇洒一点，活在当下。

过去的情谊的确是美好的，曾经的誓言想起来就会激荡人心，故事中的林奇想要找回曾经在一起的奋斗伙伴，没想到世易时移，每个人都有了自己的生活。过去的一切并非是假的，只是努力生活的人都知道，最重要的不是过去说了什么，而是现在要做什么。

豁达的人能够正视过去，从过去的美好中，他们知道生活的重要、情谊的重要，过去让他们相信人性，相信真情，这就是回忆的正面力量；同样地，从过去的伤痛中，他们愿意检讨自己，吸取经验，让这伤痛也变成一份财富。不论美好与否，他们清楚地知道自己手中应该拿着什么，心中应该放下什么。

我们不必忘记过去，但不能留在过去。时光匆匆，未来还有漫长的路要走，留在过去，就是限制了自己的人生，束缚了自己的潜力。一切必须向前看，人始终要向前走。我们不必对过去的梦想执拗，也不用因回忆过分伤怀。过去既然已经过去，就把一切当成一份珍贵的回忆，豁达地面对那些悲哀欢喜，然后洒脱地走出来，迎接更好的明天。

· 007 ·

不是所有的坚持，都值得肯定

一对夫妻结婚后日日吵架，吵得四邻不宁，还经常惊动双方家长。妻子对闺蜜们抱怨："我真不明白，结婚前我们两个有说不完的话，一天不见就像少了什么，为什么结婚后看对方就这样不顺眼，恨不得对方不出现在自己眼前。"

常言道："劝和不劝分。"闺蜜们都劝她想开一点、体贴一点，只有一个朋友对她说："你们的个性本来就不合，恋爱的时候还能相互忍耐，一旦朝夕相对，缺点再也掩盖不住了，也难怪对方受不了了。有些人不适合走入婚姻，建议你们赶快离了吧。"朋友们大惊失色，没想到她会说出这种话，纷纷责怪她。

可是，就像这位朋友说的，这对夫妻性格不合，根本无法一起生活。半年后，他们的感情彻底破灭，还是选择了离婚。离婚后的女人对朋友说："其实我也早就知道不合适，总是想着再试试、再忍忍。早知如此，我半年前就该听你的话才对。不够果断，害的是自己。"

常言道："宁拆十座庙，不毁一门亲。"故事中的朋友眼见女主人公不适合再维持这段婚姻，索性做个"恶人"，提醒她赶快放弃。人只有学会放弃那些不适合自己的东西，才有可能真正学会判断，知道什么适合自己，什么对自己最好。如果优柔寡断总是放不下，就只能和不如意的现状纠缠不清，没个清净。

世界上很多坚持其实不值得坚持。就如故事中天天吵架的夫妻，恩情不再，存在的只是对彼此无休止的抱怨，也许过不久抱怨就会变成仇恨。这种坚持换来的不会是守得云开见月明，而是更坏的结果。这个时候，自己的坚持只是让不愉快的经历延长，浪费时间，浪费感情。与其如此，不如当断则断。

有时候面对烦恼，我们会告诫自己："将就一下"，但"将就"有什么意义？"将就"只是使本来就不可调和的矛盾再多酝酿一阵子，很多时候"将就"就是和稀泥，把原本的烦恼搅在一起保持暂时的和平，事实上并没有改变它的性质，总有一天它还是会爆发，造成的伤害可能更大，不如在该放弃的时候早点放弃。

安易的一位朋友失恋了，安易等到周末就赶快去了朋友家，他想要安慰这位朋友。没想到朋友竟然没有消沉的状态。安易说："真没想到，你恢复得这么快。"

"哪里哪里，我也曾伤筋动骨，不过我虽然伤心，却能想开。"

"想开？你怎么想开的？"

"我想起以前我的姐姐来我家，看到我养的兰花很羡慕，我想送她两盆，你知道她说什么吗？她说她很喜欢花，但是她不是养花的人，不懂得养花技巧，也不知道花的习性，如果把兰花放到她家，就会糟蹋了兰花。我想这恋爱就像养花，养不好这一朵，就不要霸占着人家，有时候，放开反倒是最好的结局。"

好梦由来容易醒，失去爱情是人生最伤心的事之一，失恋的人容易消沉，容易借酒浇愁，也容易从此自称"看破红尘"，再也不相信爱情。这样的人看上去已经放开了一段爱情，其实还在为这段关系纠缠，并让一个不愉快的结果长久地影响自己的心境与人生态度。而故事中的这位朋友就很豁达，知道缘来躲不了，缘去莫强求，自己不合适，不如让对方找更好的，潜台词是对方不合适自己，自己也会找到更好的。

我们总是强调"坚持"的重要性，似乎"坚持"等同于"精诚所至，金石为开"，但在现实生活中，"精诚"是有的，却不一定换来"金石为开"，倒有可能因为错误的坚持耽误远大的前程。要知道对一个选择的坚持，既可能让你走得最远，也可能让你无路可走。

坚持应该合乎实际，如果在错误的方向、用错误的方式一意孤行，就是固执。还有很多人明明知道这一点，就是不愿意放开自己的"错误"。他们已经为此付出了各种各样的努力，中途放弃不仅是否定自己，也可惜那些花费掉的时间和精力。这个时候我们就需要有一个豁达的眼光，因为此时的放弃是在避免更多的错误与失败。有时候，放弃也是一种坚持，那是对生命的负责，对前程与更好未来的坚持。

· 008 ·

每种生活状态都能获得好的体验

有个年轻人从重点大学毕业，到一家大公司工作。年轻人满怀雄心壮志，却发现自己每天只能做一些打印文件、冲咖啡、扫办公室之类的杂事。几个月后，他的忍耐到了极点，他给自己的系主任打了个电话，说想回学校执教。

系主任接到电话后说:"你毕业刚刚几个月就想回学校,太早了吧?"年轻人说:"我根本就不该离开学校。继续做现在的工作,我一定会发霉!"

系主任说:"那么你觉得我的工作如何?当年我大学毕业,是一个普通的学生指导员,每天干的事比你还无聊,一干就是三年。"年轻人惊讶道:"三年?你真有耐心!"

"三年后,系里有个老师退休,有人推荐我去教课,教的竟然是我不熟悉的秘书学。"系主任说,"不过我想,比起指导员,当讲师是个进步,于是就开始教秘书学,一教又是三年。因为我很努力,讲课好,被提拔为系主任。依我看,你不要急着回学校,继续在那个公司工作,老板让干什么就干什么,随遇而安,总有一天会等到机会!"

听了系主任的话,年轻人收起了好高骛远的心思,每天认真完成老板交代的任务。三年后,他成为了那个公司的销售经理。

一个人想要成功,抱负固然很重要,能力是最基本的条件,机遇也是一个关键点。不过仅仅有这些还是不够,想要成功的人还要有一种豁达的心态,这就是随遇而安、顺其自然。故事中的系主任刚刚工作的时候,就悟出了这个道理,他相信机会总有一天会来到,人不会永远坐在一个位置,就是这份心态,让他在三年后一路升级。

有时候我们会感叹自己能力不足,现实的环境总不能让我们满意,却又不能加以更改,这个时候应该做什么呢?抱怨是最没有出息的办法,也最无济于事;没有目的、没有计划的行动只会让自己的人生更加混乱,因为凡事都需要功夫,你中途改变,就是浪费了曾经的努力;更忌讳放弃,你又不能确定前方没有希望,怎么能说放弃就放弃?

所有事情都需要酝酿,机遇也是如此,不必在意眼前的困境,要想想谁都有困境,谁都不会一帆风顺;更不能轻举妄动,当时机还不成熟的时候就行动,只会得到失败的结果。要相信机遇对每个人都是公平的,属于你的那一份只是还没有到来,你要做的应该是做好准备,以便它到来的时候紧紧抓住。在那之前,不妨先享受一下清闲,这不也是一种生命体验?

有个叫杰克的小伙子喜欢旅行。有一年,他一个人去美国纽约,下飞机后,刚刚订好旅馆,就被小偷"光顾",钱包不翼而飞,身上只剩一点零钱。在美国,旅客遇到这种情况,一般都会立刻去警察局,然后在旅馆等待消息。杰克哀叹自己倒霉,不甘心美国之旅成为泡影,他决心靠手边这点零钱来一次别开生面的纽约之旅。

第二天,杰克去参观自由女神像等有名的建筑,还认识了不少来旅行的年轻人。他们听说杰克的遭遇,邀请杰克与他们一起开车穿越西部,杰克兴高采烈地答应了。

整整一个暑假,杰克和新认识的朋友们畅游美国,他们住最便宜的旅馆,偶尔替人打工赚旅费。一个月后,杰克回到纽约,乘机回国。朋友们听说杰克丢了钱包,都说:"你是怎么在美国过了一个月?一定非常糟糕!"杰克说:"恰恰相反,我过了一个非常愉快的假期!"

假想有一天,你一个人下了飞机,身在异国,护照丢失,身上只有几块零钱,你会如何?是急着找人求救,还是在警局里咒骂那个小偷?你能不能像故事中的杰克那样,既来之,则安之,目的是旅游,没了钱就来一次免费游,用仅剩的条件让自己开心?恐怕很多人都做不到这一点,就算勉强游览几个景区,必然愁眉苦脸。

豁达的人并不多,豁达有时甚至被人们称作"阿Q精神",被认为是苦中作乐的心理安慰。我们所说的豁达是一种乐观的心理状态,豁达的人能够以最快的速度接受现状,却不会像阿Q那样只是接受,不能改变。豁达的人在判断过局势后,就会果断地放下原本的目的,顺着局势观察会有什么其他收获。

豁达也不是见风使舵，而是在不能改变局势的时候，一种放得下的心态。一个人的能力终究有限，勉强自己只会带来烦恼，不如随遇而安，只要耐得住性子，转机也许就在下一秒出现。陆游有一句诗写得很有诗情、又有禅意，他说："山重水复疑无路，柳暗花明又一村。"要相信生命中有很多惊喜，就在柳暗花明之后。

第四章
不疾不徐，那些该来的总会来

人们常常羡慕那些淡定的人，他们在世俗的喧嚣中能够不惊不扰，无论发生什么，都能坦然接受，可谓拥有大智慧与大气量。

慈悲是乐天知命的坦然，不骄不躁、不急不迫。他们有平和的心境，知道自己是谁，需要做什么，不以自身境遇定喜乐，常常记挂他人，故意境高远，令人感佩心服。

·001·
以一种平和的姿态，去生活

古时候，有个男人心胸狭窄，经常和邻居发生口角，今天嫌东家的篱笆占了自己家的土地，明天骂西家的鸡吃了自己院子里的小米。有一天，他又和一位邻居发生争执，双方吵不出个所以然，男人决定去附近的老者评理。

老者听完了这个男人的话，对他说："我今天刚好有事，不如你明天再来吧。"

第二天，男人又去了，老者不在，他的儿子说："家父出去了，让我告诉你明天再来。"

连续几天都是如此。直到第五天，男人终于见到了老者。老者说："你有什么事要对我说，说吧。"男人想要数落邻居的不是，突然觉得那么小的事情，过了好几天还要说个没完，显得自己太没气量，于是说："没什么事，就是来问候您一下。"

老者笑了，说："这就对了，仔细想想，邻里之间能有什么大事？平和一点，没什么事值得你生气。"

心胸狭窄的人看世界也是窄的，处处都有气，事事都急躁，而为他评理的老者却不紧不慢，他知道忍上几天，怒气就会烟消云散。在得道者看来，世间本无事，庸人自扰之，与其急躁，不如从容待之。

我们应该拥有一颗平和的心。

平和的心有禅性，故脾性不急躁，有了怨气能够自行疏解，不与人因琐事起纷争。就像广袤的土地，不论敲击还是播种，都能一视同仁，保持自己的坚实和深厚。仔细想想，世间又有多少事真的值得自己生气？保持心平气和才能集中精力做好自己的事。

平和的心有定性，故行事不激进，凡事都能深思熟虑，不会因一时冲动耽误了计划，带来不可挽回的损失。就像潺潺流动的河流，总能到达入海口，又何必激流澎湃？细水长流既能达成目标，又有悠闲自在的情致。

一个老锁匠一生制锁、修锁、开锁无数，年纪大了，他想找个弟子继承他的店铺，继续打他的招牌。在几个手艺高超的弟子中，老锁匠不知该选哪一个。

老锁匠想到了一个方法，他将三个柜子都上了三重锁，对三个手艺最好的弟子说："我想要从你们之中选一个当我的继承人，你们谁能以最快的速度开完锁，让我满意，我就将我的店铺传给他。"

三个弟子很兴奋，飞快地打开三重门锁，速度几乎一样。对这个结果，老锁匠不意外，他问了另一个问题："说说看，你们在柜子里看到了什么？"

"我看到了一块金子。"一个弟子说。

"我看到一块宝石。"另一个弟子说。

第三个弟子瞠目结舌，呆呆地说："我只想着开锁，没有注意里边有什么东西。"

"你就是我的继承人！"老锁匠宣布。他又对其他弟子解释，"不论做什么都要讲修为，参佛的人心中只有佛，作画的人心中只有画，开锁的人心中只能有开锁这件事，其余的东西都能视而不见。一旦看不见，就不会产生非分之想，这就是我选他做继承人的原因。"

想要心态平和，就要抗拒诱惑，不要产生非分的念头。老锁匠选择继承人不仅看手艺，更要要看徒弟们的心是否经得起考验，看到财物未必心生贪念，但不看不闻的人更显专心致志。当众人都被外界诱惑得眼花缭乱而心智不坚时，能够一心一意专注于心灵的人，最是难得。

非礼勿视，就能杜绝非分之想。就像故事中的小徒弟，知道诱惑要不得，索性不去看，只做自己该做的事，这也是一种平和。只要守住自己的本分，世间就没有那么多求之不得，也没有那么铤而走险。遵循自己的人生，自然会得到属于自己的幸福，不属于自己的就算得到，也背上了不安或内疚的包袱，终究不踏实。

人是感情动物，平和的心需要自我约束，才能真正做到波澜不惊。所谓的平和并非没有感情，而是让感情更加平和。强烈的仍然强烈，只是它有了一个限制，不会因诱惑失去定力，不会因急躁失去判断力，也不会因哀伤失去目标。当感情有了平和的心做底子，就不会失去本应有的色彩，只会更加长久，更加专注。

· 002 ·
风平浪静，训练不出好的水手

意大利有一座叫作庞贝的古城。1900年前，它被突然爆发的火山淹没，埋到了地底，只有一部分人在浓烟和尘埃中逃了出去。这其中有一个双目失明的女孩。

这个女孩出生时就是个盲童，一直在黑暗中生活，她很坚强，平日靠卖花维生。火山喷发的时候，她靠着平日对城市道路的熟悉，迅速地带着很多邻居逃到了安全的地方。很多双目完好的人，却在黑暗中找不到出城的路，葬身在火山灰中。没想到天生的残疾，造就了女孩出色的听觉和触觉，成了这个女孩逃脱灾难的依靠，看来，有时候，不幸也是一种财富。

每个人生下来时都不同，有人身强体健，有人体弱多病，也有人天生就是残疾。如果这是一种"天意"，那些天生不幸的人完全有理由斥责"天意"不公，给一些人太多，给另一些人却太少。但是，在上面这个故事中，眼盲的女孩靠着常年锻炼的在黑暗中行走的能力，躲过了一场巨大的天灾，那些健全的人却被埋在火山灰之下，不知这是否算一种"公平"？

也许幸与不幸并没有定数，所谓"天意"，也不过是自欺欺人的说法。人们常说有智慧的人知晓"天意"，其实他们知道的不过是现实，比起那些埋怨现实的人，他们愿意选择接受，从中发现积极的一面、光明的一面，并相信未来。当他们身在顺境中，也不会麻痹大意，而是更加小心防患于未然。就是这样一种心态，让他们看上去"知天命"。

接受现实才能超越现实，所谓不幸都是相对的。当你认为自己不幸的时候，世界上肯定有比你更加不幸的人，想到这些，你的心里会不会有一点平衡？人的心理只能依靠自己调节，要告诉自己不幸有时也是一种财富，它能够带来一些更重要的东西。当你幸运时，你会忽略，只有在不幸中，才发现这些东西必不可少。

一个男孩从小患上了小儿麻痹症，走起路来一瘸一拐，经常被小朋友嘲笑。这个时候男孩的父母没有骗他，而是详细将这种病的病因，今后的后果告诉他，并且对他说："也许你一辈子都这样，但要记住，即使如此，你也不比任何人差，相反，今后你会比他们更优秀。"

在这样的教育下，小男孩从小就有不服输的品格，父母总是鼓励他，并告诉他，他有多优秀。渐渐地，小男孩比任何孩子都有自信，不论什么都要试一试，争取做到最好。他从小成绩就好，被很多人羡慕，更难得的是，他多才多艺，性格开朗，还很有同情心。尽管他走路仍然一瘸一拐，却得到了所有人的喜爱。长大后的小男孩说："我要感谢我的不幸，也要感谢我的父母，是他们让我成了一个渴望优秀的人。"

患了小儿麻痹症的男孩是不幸的，但他又是幸运的，他有一对懂得教育的父母，让他从不对自己自卑，时刻感受到家庭的温暖，努力提高自己，让自己更加优秀。正像小男孩所说，有时候需要感激我们遭遇的不幸，只有在不幸的时候，才能体会自身拥有的财富。

不幸能够孕育出坚强的心灵。有些人的不幸是天生的，有些人的不幸是在成长过程中无法避免的。不幸并非不可战胜，关键在于你自己的心，你超越了它，就能拥有来自失败的经验、来自痛苦的毅力、来自磨难的韧性。这些品格在一帆风顺的环境中很难得到，它们是不幸赠给你的礼物，让你能够更加坦然地应对生命中的风风雨雨。

不幸能够让人懂得上进和珍惜。生活常常不圆满，也就是因为不圆满，我们有了积极向上的动力，也懂得手中财富的可贵，这种上进和珍惜相互作用，就能够最大限度地消除人生的不如意感。学着将不幸视为一种财富，要相信人生的遭遇并非偶然，只要你愿意接受考验，自然会得到奖励。当你将不幸消解在生命里，会发现幸福的明天早已在等待你。

· 003 ·

越积极，越幸运

一口古井旁有两个水桶，它们经常交谈。这一天，一个水桶对另一个水桶说："你为什么如此不开心？是不是发生了什么不幸的事？"

那个闷闷不乐的水桶说："我们每天都在重复着不幸的事。你看，我们进入井里，好不容易把自己装满，却又要立刻被倒空，到最后还是空荡荡地被晾在这里。"

发问的水桶说："原来你在烦恼这件事，你为什么不换一个角度去想呢？我们每次都是空空地下去，然后装得满满地回来，这是多么有意义的一件事。用这个角度去想，难道你不觉得很快乐吗？为什么一定要让自己烦恼呢？"

水桶的一生比人要简单得多，不过是在井里下去上来，它们的烦恼也很简单，没有被使用的哀叹自己"怀才不遇"，被使用的伤心自己太过劳累；

装满的害怕自己被倒空，倒空的感叹自己刚要休息又要干活……来来回回不过这么几件事。不过，人的烦恼说穿了，不也就是这么几件？万事万物的烦恼原本没有什么质的区别。

我们羡慕智慧的人究竟为了什么？其实也不过是想知道究竟如何摆脱烦恼，从此远离忧愁。但仔细观察，那些所谓的"智慧的人"也并不是没有烦心事，他们不过是比常人更乐观，更有平常心。烦恼来了，他们不必发愁，而是看到积极的一面。这样一来，忧愁自然就少，做起事来自然也主动，克服困难也比他人快上一步。在现实生活中，这种行为意义重大。

乐观的人总能乐观，因为他们把快乐当作一种习惯。法国有位喜剧演员说他每天都要对着镜子练习微笑，生活不就是一面镜子？你对着它哭，它就哭个没完；你要是愿意笑着对待它，它就算有时耍脾气，最后总会笑着对待你。一颗乐观的心在任何时候都能陪伴我们圆满地渡过难关。而且，乐观的人比悲观的人更有运气。

三条贪玩的鱼在涨潮时玩耍，它们玩得兴起，退潮时忘记回家，被搁浅在有一点浅水的沙滩上。月光下，三条鱼像是听见了死神的脚步声，它们开始商量如何回到大海里。

一条鱼说："等到下次涨潮，我们可以回去，但在那之前，渔人就会发现我们，我们就要变成食物。不如我们鼓足力气，一点一点跳回大海。"

另一条鱼说："我们没有那么好的体力，我看那边有块礁石，不如我们藏在石头缝里，躲过渔人，等到涨潮时就可以回家。"

第三条鱼说："算了，算了，我们这么倒霉，不可能回到大海里，只能在这里等死了！"

那两条鱼没有理它，一条拼命跳起来，跳回大海；一条藏进石缝，等到第二天涨潮，回到了海里。第三条鱼直挺挺地躺在浅水里，第二天被早起的渔人一把抓住。

乐观的人总能乐观，悲观的人却总是看不开。乐观和悲观不仅仅是一种人生态度，还会决定很多事的走向。就像故事中的三条鱼，第三条鱼就是典型的悲观主义者，其他两条鱼都按照自己想到的办法，相信自己有机会活下去，只有第三条干脆在原地等死。悲观的人放弃的不只是自己的快乐、阳光的心情，还有命运的主动权。

　　凡事都有两面性，即使在阴影中，也要相信阴影后面就是阳光，这才是乐观者的眼光。一个人如果想要快乐，就要常常培养快乐的心境，只有这样的心境才能让人有积极的思维。如果你觉得人生就是不快乐的，就更要努力改变，为什么不尝试将阴影变为光明，将忧伤变为幸福？命运始终掌握在你自己的手中。

　　我们应该知晓事物的起因和结果，用更积极的态度去面对人生。如果一味悲观消沉，就只能终身与忧伤为伴，让本该精彩的人生失去光彩；相反，如果相信凡事都有光明的一面，你愿意寻找，你就是在向光明行走，心便会向阳而生。选择一份积极的心态，就是选择了一份幸福的人生。

·004·
像宽恕自己那样，宽容他人

古时候有个地主，脾气急躁，为人苛刻。有一天他吃坏了肚子，半夜在床上疼得直打滚，他大叫侍女："小杏！快点拿蜡烛！快点蜡烛！"

侍女小杏慌手慌脚地在黑暗里找蜡烛，没想到被桌子绊了一下，跌在地上，还打翻了桌子上的东西。地主骂道："猪狗不如的东西！我每个月给你那么多工钱，你却什么也做不好！"小杏反驳说："您真不讲道理！这么黑乎乎一片，我也两眼摸黑，什么也看不到，您倒是给我点个灯，让我快点给你找蜡烛啊！"

地主夫人听了对地主说："小杏说的没错，就是因为黑才要找蜡烛，如果都能看见，要蜡烛做什么？你还是改一改这副急脾气吧。"

古代君子讲究"严以律己，宽以待人"，但在真实的生活中，人们常常以宽容的心胸对待自己，以过高的标准要求他人。自己犯的错误都是可以原谅的，他人的过失简直不可饶恕。就像故事中的这个地主，对他人做出不切实际的要求，他人达不到便要大发雷霆，难怪脾气越来越躁，连夫人都看不下去，出言指正。

"己所不欲，勿施于人"，自己不喜欢做的事，不要推及他人；自己不喜欢的事物，也不要为难他人。要知道大家的心态是一样的，你将自己讨厌的事物给了别人，别人自然不悦。

人与人的相处避免不了矛盾，因为思维个性的不同，在很多事情上很难达成一致。想要相处，就要学习如何为他人着想，特别是在向他人提出要求的时候，要多多考虑他人的情况，具体问题具体分析，不要总是责怪他人不用心、不细心，你不是他人，怎么能对他人的行为下定论？何况他人如果是在帮助你，感激是你最应该做的，而不是指责和呵斥。如果能尊重他人的奉献，人与人的相处就会越发有滋有味。

一座山上住着两户人家，东边的一家脾气暴躁，一个比一个彪悍，经常争吵，每天生活在戾气之中；西边的一家脾气好，人人都笑容满面，生活很和睦。

东边的一家认为，应该改改家里的风气了，就去西边询问："你家里的气氛为什么这么好？"西边的家长说："在您家，如果有人做错事，怎么处理？"

"要严厉地责罚，只有这样，他下次才能改正。我们家的人都会高声训斥做错事的人。"

西边的家长说："请看看我们家是怎么做的。"

正说着，他的小儿子拿着一封书信跑了过来，他跑得太急，跌了一跤。这时大儿子跑了过来扶起他说："对不住，对不住，刚刚扫地洒得水多了，地滑，让你滑倒了！"摔倒的小儿子说："不，是我的错，我自己太不小心。"兄弟俩亲亲热热地去了里屋。

看到这一幕，东边的家长说："原来这就是保持和气的方法！"

人与人之间如何保持和气？一来自己不要太过急躁，动不动就使性子发脾气；二来要多多体谅别人的难处，明白每个人处境不同，人人都有自己的不得已；三来要多想想自己的错误，也许错误不在别人身上，是自己要求太高，或者考虑不周，多多检讨自己，自然就一团和气了。

生活中少不了与人沟通，若沟通的基础是互敬互爱，你自然能够沟通顺利。人与人之间，靠的是彼此的体贴与关怀，特别是在有分歧的时候，更要互相谅解，不然就算是朋友也会变成仇敌。在与人交往的时候，常常检讨自己的过失，不要只抱怨别人，也不要轻易责怪别人，这样才能让别人感到愉快，更愿意与你多多接触。在与人相处时，不要太急躁，遇事多多体谅他人，才能保证自身心平气和，做事顺心如意。

·005·
换位思考，就是一种慈悲

　　一位隐者在山间居住，有个樵夫不喜欢他，经常找他的麻烦，每次见面都用言语侮辱他。隐者从来不与樵夫发生争吵。邻人为隐者抱不平，说："你总是忍着，他才越来越放肆！"

　　隐者说："如果有人送了你一件礼物，恰好那件礼物你不喜欢，说什么也不肯接受。你说，这件礼物最后属于谁？"邻人说："当然属于那个送礼物的人了。"

　　隐者说："所以，若我不接受他的谩骂，你说他在骂谁？这是他自己的损失，我倒觉得同情，这种脾气，让他在生活中添了多少烦恼？"

　　邻人会意。过了一段时间，山里的人果然都对无端谩骂他人的樵夫不满，而赞扬隐者不与人计较的豁达胸襟。而樵夫因此也渐渐开始检讨自己，不再谩骂了。

古时候，有些高人隐居山林，不问世事，只求在山中修得心中清净。这样的隐士历来被视作得道高人，为人敬仰。得道之人因为对万事万物一视同仁，所以慈悲。就如故事中的这位隐士，明知樵夫辱骂自己，既不辩驳，也不抱怨，反而同情樵夫的境遇，这才是真正开阔的心胸。

慈悲是什么？慈悲就是能为他人着想，就算自己受到了不公正的待遇，依然能够站在他人的角度考虑问题，不以自己的遭遇迁怒他人。慈悲并不是一件简单的事，它需要很大的耐性，更需要广阔的包容性，有时候还要牺牲自己的利益，收敛自己的感情。但是，慈悲有积极的意义，因为你的慈悲，总会有他人受益，受益者会被你的善心感化，帮助更多的人。不知不觉，以你为中心，人们开始重视为他人考虑，你一个人，就能带来一个群体的和谐。

凡事以自我为中心的人不懂慈悲，他们只会计较自己受到了什么样的待遇，得到了什么样的好处，一旦有人对他们有所冒犯，必然勃然大怒，甚至睚眦必报。他们从不肯为他人做出牺牲，凡事都不顾念他人的心情，我行我素，不断伤害周围的人。这样的人很难让人从心底产生亲近之感，因为他们没有慈悲之心，他人自然也不会对他们产生深厚的感情。

一个化学实验室的助理在下班后找到导师，抱怨刚刚进入实验组的学生笨手笨脚，什么都做不好。不管他怎么教，他们还是经常搞错最简单的公式。为此他建议：“为了实验着想，我建议把他们踢出实验组，他们实在太笨了！”

导师耐心听他说完，对他说：“两年前，你是研一的学生，进入这个实验室，你还记得当时的事吗？当时你也经常搞错实验步骤，给别人添麻烦。有人也建议我不要用研一的新生，太嫩，耽误事。要是当时我把你弄出去，现在谁当我的助手？”

听了导师的一番话，助理不禁脸红，他想到这几个学生都是以优秀的成绩考进这个学校,又被导师挑中才进实验组。谁没有不成熟的时候?谁不害怕做不好事情?看来,自己应该宽容一点,经常鼓励他们,他们才会越做越好。

没有人是天生的强者,即使是天才,也有蹒跚学步、笨手笨脚的阶段。人都是在不断地学习中才能进步,当人们学习的时候,很希望有一个能够鼓励自己的教导者。故事中的助理曾经遇到过这样的教导者,但他看到初学者时,却忘记了自己曾经得到的帮助。细心和耐心应该被传递,而不应该断绝,当你受到过别人的好处时,就该想到有一天,你要把这帮助转递给需要的人,这才是人与人相处中最重要的东西——善意。

每个人都有自己的特长,也许你在各方面都比他人强很多,也许你在某一方面尤为出众,这个时候你要明白并非人人都是你,都能和你做得一样好。或者想想在某些方面,你还远远不如他人,你也需要他人的指导才能做好。这个时候,你还能够指责吗?考虑到初学者的忐忑,也许你会忍住自己的脾气,耐心地教导他们。

站在他人角度想事情,受益的不仅仅是那个得到你帮助的人,还有你自己。因为站在他人的角度,你看问题自然就多了一种视角,比从前更加全面。如果你能站在最多人的角度考虑,就可以一窥事物全貌,巨细无遗。这个时候你也许就会懂得为什么那些得道之人有更多的智慧,就是因为他们曾站在最多人的角度看这个世界,因为他们拥有对这个世界的善意、对他人的慈心。

·006·
将生活的是非看作平常

有个英国女孩嫁给一个英俊的男孩，她是个多疑又爱吃醋的姑娘，整天怀疑丈夫在外花心，每天晚上都要偷偷察看丈夫的衣物，翻看他的手机和电脑聊天记录。

这一天，他在丈夫衣服上发现一根金色的长发，气得问丈夫："说，这是谁的头发？！你是不是有外遇？"丈夫无奈地说："也许是地铁上沾到的，我工作那么忙，哪有时间搞外遇。"

第二天，她又在丈夫袖口发现了一根乌黑的头发，她更加生气地问丈夫："原来你还有个外国情人！"丈夫急得解释："我的公司没有亚洲人，你别总多心！"

第三天，妻子看到丈夫身上有根白头发，激动地说："我真没想到你竟然连老太太都要乱来！你气死我了！"丈夫也生气了，大声说："那是我妈妈的头发！"

又过了几天，妻子没有发作，但每天都是气呼呼的。丈夫问："这几天你没找到头发，怎么气性更大？"妻子说："你现在连秃子都不放过了，我怎么能不生气！"

丈夫不再说什么，决定跟妻子离婚。

因为疑心病闹到离婚，这是个笑话，却又以夸张的形式反映了很大一部分人的心态。如果疑心太重，看什么都可疑，就算没有可疑，自己也会在头脑中捏造出可疑的事，然后把事情越想越严重，被莫须有的事干扰，以致推出完全不符合实际的结论，让自己和他人为难。

有一个成语叫"智子疑邻"，说的是宋国有一个富人，一天，天降大雨，他家的墙被毁坏了。富人的儿子说："要是不修筑，一定会有盗贼来偷东西。"邻居家的老人也这样说。晚上，富人家果然丢失了很多钱财。结果，那个富人认为自己的儿子很聪明，却怀疑邻居家的老人偷了他家的东西。由此可见，一个人难免主观臆测，一旦起了疑心病就很难走出自己的心结。

还有一个成语叫"庸人自扰"，说的是那些总是自寻烦恼的人太过昏庸，自己困住了自己。有些人不但喜欢自找麻烦，还耐不住性子，一想到什么烦恼就迫不及待地加重想象，让自己烦上加烦。他们不会求证，不会反思，只会在一种急躁的情绪中拼命钻牛角尖。他们忘了所谓"道"，就是抛弃困扰，更何况是那些不存在的困扰。

徐丹是个普通的高中老师，家庭美满，生活幸福，但她天生喜欢操心，总担心哪一天自己或者丈夫失业，一家人没有生活来源。不担心金钱的时候，就开始担心一家三口的健康，怕哪个人突然生一场大病。不担心健康的时候，又担心谁在外面出点意外，万一过马路遇到车祸，走在高楼下被花盆砸中，或者发生地震火灾……徐丹整天担惊受怕，她的丈夫很无奈。

这一天，徐丹又在担心丈夫的工作，丈夫抱着5岁的女儿说："与其担心我的工作，不如担心女儿，我真担心她。"徐丹说："担心她什么？"丈夫一本正经地说："我担心她长大嫁不出去。"徐丹说："胡说，她还这么小，怎么就担心到出嫁呢！"丈夫说："你觉得我担心的事没道理，那么你担心的事就有道理吗？既然今天的事都烦不过来，你就别担心明天的事了，谁也不是诸葛亮，走一步算一步，才是普通人的活法。"

喜欢担心明天是典型的庸人自扰，明天究竟如何我们都不得知，其实，我们都希望明天会更好，不过就是有一种人整天担心"明天会更糟"。在他们看来，生活中有太多的隐患会让他们倒霉，也许明天他们就会失业失恋、被偷被抢、遭小人暗算，被亲朋笑话……他们的担心五花八门，甚至为这些还没有影子的事睡不着觉。

明天的确可能发生他们担心的事，因为万事万物都不能遵循人意，意外的确有可能发生。同样地，明天也有可能发生他们希望的事，为什么不想一想积极的一面？至少不要总想着明天要倒霉，心平气和地度过每一天，这才是最要紧的事。退一步说，就是因为明天要发生什么，今天才更要过好。

万事万物都有一个扭转的过程，人的祸福不是我们能够预测和把握的，但整天拿明天吓唬自己，就辜负了美好的今天。不要为还没有到来的时间过分忧愁，要记得我们修身养性，不是为了担心明天，而是为了成全今天。

第五章
不错误地执着，不过度地苛求

常言道："酒足狂智士，色足杀壮士，名利足绊高士。"世人因放不下，所以成痴，唯有放下才是灵魂的出路。所谓"放下"不是放弃责任，而是完成责任，同时解脱心智。

慈悲的人懂得放下的智慧，不会错误地执着于一事一物，也不会过度苛求他人。他们放下的是痴念，得到的是无负荷的心灵和海阔天空的人生。

· 001 ·

大多数烦恼来源于想象

一个青年坐在村口不住地叹气，有人经过问道："你为何长吁短叹？"

"我叹世事无常，人生不如意之事良多。我本是一书生，十年寒窗之下，只待有朝一日金榜题名，谁知近日我朝战事不断，村里的男子都将应征入伍。"

此人听罢，劝道："世人寒窗苦读，不过为一朝功名，战场之上依然能取得功名。"

"可是,我就要远离家乡。"青年说。

"远离家乡,也许赴塞外,也许戍北海,也许你被派到战事不紧的北海。"他说。

"那如果我被派到塞外苦寒之地呢?"青年问。

"塞外苦寒,亦可陶冶情怀,增长见闻。"此人又说。

"可是,如果我上了战场,刀剑无眼,死于战场怎么办?"青年说。

"死于战场,便归于大道,从此无知无觉,再也不必惊惧,所以施主无须烦恼。"

青年听罢,深以为然,果然放下心中重担。

人总是习惯为命运担忧,从眼前一事就能想起万千烦恼,没个了断。故事里的书生说人生不如意的事太多,却不能在不如意中看到机会,一味认为自己时运不济,这种太过笃定的念头可称之为"痴",也可叫作"执"。对一件事、一个想法太过坚持,就会把路越走越窄,再也不能心宽明理。可世间诸事纷纭,若不能心宽以待,怎能有豁达与舒畅的心境?

什么是明理?在古代,"道理"并不是一个词,而是两个。"道",是我们前面说过的事物遵循的深层法则;"理",则是那些表面现象。到了现代,"理"的意思越来越宽泛。"明理",既是知晓事理,也是通情达理。故事中的劝慰者既知"道"也明"理",他看事物不只看表象,还会推出前因后果,一旦看得明白,就不会有那么多担心——路在脚下,有时间担心,不如赶快赶路,寻找机遇才是正题。

有什么事值得人们愁眉不展、郁郁寡欢?不过贪嗔怨怒,贪念让人迷失心智,不懂知足;嗔怒让人肝火上升,伤神伤身;怨恨让人心生恶意,害人害己……人生的烦恼不过这些,一切都来自于自己的执念。执念一产生,便如种子植在心中,随着年岁枝繁叶茂,难以根除,甚至会被某些人视为生命意义之所在，忘记生命中还有其他重要的事。

古时候，有个官员担任要职，每天衙门里的大事小情如乱麻一样，让他心烦意乱。不但公事操劳，家里一个正妻、一个小妾、五个儿女常常争吵，也让他心力交瘁。这一天，他独自骑马到城外散心。看到绿草丛边有个牧童正在吹笛子。官员坐下来与那个牧童交谈，他对牧童说："我真羡慕你，你只要放放羊，吹吹笛子，就能很快乐。"

牧童问："谁不是这样呢？难道你不是？"

官员说："我不是，我就算来到草地上，吹着笛子，心里也想着烦心事，不能解脱。"

牧童说："那么，难道这些烦心事是绳子，能绑住你的手脚吗？"

官员说："它们当然不是绳子，不能绑住我。"

牧童说："既然它们不能绑住你，你为什么不能解脱？"

官员静默不语，继而大悟。

世间烦恼并不是绳索，人们却心甘情愿地被它捆住，不知是烦恼缠人，还是人抓着烦恼不放。烦恼也常常有美丽的外衣，比如娇美的容貌，比如殷富的家境，比如人尽皆知的名声。人们得到它，也要收下它负面的部分，越到后来，越是看到负面的部分，以致自己心烦意乱。倘若人们能够明白事理，客观地看待世间一切，至少不会为了事物的负面因素而烦心。

明理的人心宽，对人对事看得开。在享受的时候，他们并不是不知道福祸相倚，今日的舒坦也许意味着明日的苦难，但他们不会为了明日的烦忧干扰今日的快乐。不论祸福，他们担得起，不论喜悲，他们放得下。在他们看来，"痴"固然重要，该洒脱的时候也要洒脱，该放下的时候仍然紧紧握着，未免有些小家子气。

用心于生活，不可过痴过执。我们追求的是生命的宽度，而不是对一个"点"锲而不舍，那不过是陷进去，再也拔不出来。生命有限，要体会的事太多太多，心宽的人才能容纳人生更多的风雨。世事无常，做个明理的人，便可于纷乱中觅得清净与自在。

·002·

心很累？不如学着放开

中国有个贤人叫许由，许由是个通达之人，平日不喜俗物，也没什么烦恼。有一次他在河边用双手捧起水来洗脸，有人看到后，好心送给他一个水瓢。许由用了后将水瓢挂在树枝上。风吹过来，许由认为瓢发出的声音让人厌烦，就将瓢还给送瓢的人，继续用双手洗脸。

传说上古明君尧倾慕他的才能，愿意将天下交给许由治理。可是许由认为尧治理天下很合适，自己不想要这个负担，就拒绝了尧。可见，在圣人眼里，多一物就多一心。

许由是上古有名的贤人，他连天下都不要的风采一直令后人仰慕不已。许由是不是没有追求的人呢？不是。只能说他不追求世俗之物，他所追求的一直是心中的清净，这也是心灵的最高追求。像这样只追求自己想要的东西，别的都放在一边不予理会的人，烦恼自然就少。

在现代社会，即使是修禅者，也不能说自己完全切断万物，没有任何追求。人要生存，就要追求合适的谋生手段；人要感情，就要追求合适的心灵伴侣。追求并不等于杂念，也并不与禅的要义相违背。只是人们渐渐发现，拥有的东西越多，负担就越多；想要的东西越多，就越成为心灵的负累。就像一个人背着背包，如果放进太多东西，就成了负重行走，脚步越来越慢，心境越来越不明朗，开心也离自己越来越远。

可是人们很难放开已经到手的东西，这就是前面说过的"痴"；"痴"如果更进一步，就成了贪，它们的表现都是对某种事物的过度偏执。人生在世，每个人难免会有偏执的念头，已有的东西牢牢握在手里不肯放开。舍不得早已成为负累的旧物，就不能抓起生活必需的新物，也得不到两手轻松的宁静。一切烦恼都来自不如意，一切不如意皆来自偏执，可见人们什么时候懂得放下，什么时候才能远离烦恼。

古代有个大官，住在一所大宅子里，却经常觉得心烦意乱，很想寻个清静。但他发现天地之大，清静之地难寻，只好请一位高僧为他指点迷津。

高僧听完官员的烦恼，对官员说："大千世界，让人心烦的事很多。比如您身边这几位侍妾，每个人都佩戴着珠玉钗环，发出响声，人一多，您自然觉得心慌意乱。不如让她们摘掉这些珠玉首饰。"官员依言而行，果然觉得耳边清静了不少。

高僧继续说："人生在世，人人求富贵，即使身上摘掉了珠玉，心里想的仍是珠玉。只有将心里的杂念扔掉，才能如这房间一样安静。"

官员终于明白了自己心烦气躁的原因。从此，他勤恳于公务，却不再醉心于功名，果然神清气爽，人们也越发敬重他。

世人常说想要觅一方清净天地之处，可以暂时远离俗世烦扰，可是桃花源迄今还没被发现，周围处处有烟火气，这"清净"总是无处可找。就像故事中的官员，眼看着簪环玉佩、功名利禄，哪里还有清净？可见拥有的东西太多，就会让人心烦气躁。

能够拥有是一件好事，或者证明了你的能力，或者证明了你的运气。但拥有太多却是一种负累，何况我们拥有的并不是属于自己的东西，我们只是暂时的保管者，不如顺其自然，让它们也能发挥最大的作用。能够放下，于人于己都是一种轻松。

少一份拥有便少一份执念，这不是要求人们追求一无所有，而是告诉人们要选择最重要的放在手里，而不是一堆零碎的边角。明理的人看得明白，人生所追求的不过那么几样东西，其余的都是附加物，什么时候看透这一点，什么时候懂得专心致志。多一点也许不是坏事，但少一点却意味着轻松和更多的可能。人生道路漫长，要常常给自己减负，才能轻装上阵。

·003·
不偏执，就不会失去中肯的判断

对善良的过分执着让人走向懦弱，不再是善良。过犹不及，世间万物都是如此。过分看重金钱的人，常常成为金钱的奴隶；过分看重名利的人，为了更高的位置不择手段，毁了自己的未来；过分看重安逸的人，就会贪图享受，不思进取；过分看重所谓的"人品"，就会无法接受他人的缺点，与世俗格格不入……执念太深，就变成了执迷不悟。执着让人专注，让人奉献，却也让人迷失。

人需要有一些执着精神，否则凡事浅尝辄止。看到有兴趣的东西就去尝试，遇到一点小困难就放弃，这就是不够执着的表现。而执着的人知道毅力的重要，他们一旦有了兴趣，就要弄懂弄透，不会害怕困难，更不会半途而废。他们大多是成功者。

执着与过分执着有什么区别？拿登山为例，有些人不过到了半山腰就下去，这是半途而废者；那些真正攀登到山顶，享受了"会当凌绝顶"的快感，留下了美好回忆，然后下山去攀登另一座高峰或者去做其他有用的事的人，就是执着者；那些好不容易攀到山峰，从此留恋不已，再也不肯下山，或者到了半山腰，明明前方再也无路可走，宁可在山腰上抱怨也不肯下山的人，就是过分执着。

一个年轻人读过很多书，写过一些被人称赞的诗歌，自以为是个天才。他想要得到更高的地位，受到更多人的关注，他对自己的现状越来越不满，于是陷入了痛苦之中。

年轻人的父亲见儿子愁眉不展，就对儿子说："你这么不开心，不如放下工作，和我一起去海边走走吧，也许海边的风景能令你恢复活力。"

儿子和父亲去海边度假，每天早晨，他们看到渔船出海归来，将渔网里的鱼和贝在阳光下晾晒，儿子问渔夫："你们出去一次，能打回多少东西？"渔夫说："我们不计较能打回多少东西，只要不是空手而回，就没有白去一次。"

年轻人突然领悟了什么似的，对父亲说："我觉得我没必要为现状哀叹，如果看不到自己的成绩，我会越来越失落。事实上我已经得到了不少东西，难道不是吗？"

"是的，我很高兴你想开了。"父亲说，"执着固然重要，但比执着更重要的是快乐。"

很多时候，执着代表着对自己的高标准严要求，并不是一件坏事。但凡事都有度，一旦要求过了头，就会变成巨大的压力，工作不再是工作，变成了压迫；成绩不再是成绩，变成了休息站，预示前边还有更多事要做；目标也不再是目标，变成了自我强迫的源头。

故事中的青年很幸运，他有一个明理的父亲，在他即将被压垮的时候，带他去大自然中放松身心，体味人生百态。人往往不能自己明白、自己醒悟，但如果长久地执迷不悟，只会被执念羁绊。执着本来是件好事，一旦做过了头，就成了错误。

执着到了深处就变成了一种贪念，执着往往是因为得不到，或者得到得不够多、不够好。这个时候继续追求，实际上已经超过了自己的能力和承受力，追求那些本不属于自己的。人生最大的悲剧就是追求错误的东西，这等于放弃了原本属于自己的幸福，硬要走一条充满坎坷无法实现目标的路。一个明理的人应该懂得放下执念，与其被执念所累，不如活得洒脱。

· 004 ·

从过去脱离，投向新的开始

发明大王爱迪生成名后，投入大笔资金在美国开了一个实验室，实验室里配备了当时最先进的设备，请来了最优秀的助手。在那里，爱迪生把他的天才想法反复试验，产生了不少优秀的发明，但实验室里最多的，是那些有了初步成果，却尚未完成的半成品。

1914年的一个晚上，实验室发生了一场大火，当消防员赶来的时候，所有实验器材和试验资料毁于一旦，看到长年的心血化为灰烬，助手们心痛不已。也有人害怕爱迪生会想不开，他们都想安慰他。没想到爱迪生却说：

"大家不要难过，这一场大火烧光了我们的实验成果，也烧光了我们以往的错误和偏见。现在，让我们放弃过去，重新开始吧！"助手们的信心在一瞬间被他点燃。

有开始就有结束，有得到就有失去。爱迪生的实验室毁于一场大火，损失惨重。我们的人生中也多多少少有过类似的经历：长时间的心血毁于一旦，没有任何周转余地。这个时候我们只能选择放弃，但这放弃并不能让我们轻松。放弃应该从心理上开始，面对过去的执念，要明白唯有真正的放弃，才能得到新的机会。

放弃不是一件容易的事，如果放弃的仅仅是手中不重要的东西，也许心里不会难受，但"放弃"这个词一向与重要的事相连，而且这种"放弃"往往意味着不能再拥有。人有执念，自然也有相应的努力和行动，也许已经有了一些成绩，放弃就要将这些东西全部都抛掉，也难怪人们说："得到难，放弃更难。"

那么，人们舍不得的究竟是自己的执念，还是那些已经付出的青春、精力、金钱？恐怕后者的成分要多一些。多数人都希望自己的投入有所回报，不希望自己的努力成了竹篮打水，也就是这种心理，让执念越来越深。明理的人不会沿着错误的方向一直走，他们会及时收手回头，因为知道继续纠缠下去，只会浪费更多、耽误更多。

清清是个美丽的女孩，公司里，很多男士想要追求她。但是今年已经27岁的清清对感情从不过问，拒绝了所有人的追求。

清清不谈恋爱有她的原因。在大学的时候，清清有个感情很好的男朋友，可是二人个性不合，经常产生矛盾。两个人几经磨合，依然不能适应对方，最后只能选择分手。清清对这段感情投入很多，对这个结果非常失望。从此她对感情能避则避，更不想走入婚姻的殿堂。

清清的好朋友们经常给她讲道理："一个不合适，难道第二个也不合适？

不要因为一个人就对所有的人都失望。你不去尝试，怎么能遇到最好的？"但清清一直沉浸在过去的失望中，不肯迈出一步。身边的姐妹们一个接一个地都嫁人了。终于有一天，清清才发现，再不重新开始，就只剩自己一个人是单身。

懂得放弃是一种智慧。过去已经成了定局，就算有再多的执着，有些事也无法挽回，一味留恋只会徒增伤感。就像故事中的清清，为了一次失败的恋爱而否定自己，否定感情，这种否定情绪已经影响了她的生活，如果不能及时放开这种负面情绪，迎接她的将会是孤单的结局。如果有一天她突然醒悟，恐怕要后悔自己耽误了那么多美好的时光。

舍得放弃是一种能力，放弃代表一个人的决断。在最恰当的时候放手，即使有伤痛，也是最佳选择。放下一些旁人都羡慕，自己也舍不得的东西，何尝不是一种考验？要相信有舍必有得，贪恋只会拖延你前进的步伐。哪一次选择不是因为对原有选择的放弃？所以不要害怕放弃，放弃意味着新的选择与新的开始。

对人生的烦恼更要懂得放弃，脱离烦恼的秘诀也只有两个字——放下。放下执念，便能明理；放下烦恼，便有自在；放下欲望，便可超脱。多少智慧都在这两个字之中，需要人们细细体会，反复琢磨。唯有放下，心灵才能容纳更多的智慧，懂得放，懂得舍，懂得放弃也是一种获得。

·005·
很美却不完美，这是生活的常态

有个蜡像家是出了名的完美主义者，他做的蜡像务必要和真人一模一样，否则就毁掉重做。他对自己要求太高，以致一辈子都没有几个成功的作品。到了老年，他预感自己就要死了，为了逃避死神，他做了九个自己的蜡像摆放在房子里，为的是避免自己被死神带走。

没过多久，死神来了，他看到十个一模一样、一动不动的人，迷惑不已，不知该带走哪一个。最后死神大声说："不要以为你能为难死神，死神知道你的一切。"说着，他指着其中一座蜡像大叫："看啊！这座蜡像的瑕疵多么明显！真是失败的作品！"

蜡像家"嗖"地跳了出来，抓着死神急切地问："瑕疵在哪里？瑕疵在哪里？"死神说："有没有瑕疵并不重要，重要的是我抓住你了！记住，太苛求完美会害死自己，世间根本没有十全十美的东西！"说着，他取走了蜡像家的性命。

有些人痴迷于完美，认为凡事只有做到十全十美才是成功，一点瑕疵那就是最大的失败，不可饶恕。这样的人大多是偏执狂。故事中的蜡像家是个完美主义者，他雕出的人像能够骗过任何人。可是，完美是他的优点也是他的弱点，因为太过追求完美，他没能够骗得过死神。

修禅者戒痴，对普通人来说，需要小心的不是"痴"，而是过于痴迷。过于痴迷的人对内会变为执念，干扰心智，不得清静；对外就会变为苛求，对人对事常存挑剔，永远不能满意。偏执者的误区在于，别人是为了达到某个目的完成一件事，而他们却会完全忘记目的，只想着如何做得最好，为了一个小细节的完美，他们可以忘记大局。

在人际关系上，苛求更是一个杀手，完美主义者对自己要求高，他们往往很优秀，如此一来，更让接近他们的人备感压力。他们会以对自己的要求来评价别人，一旦别人达不到标准，他就会产生偏见。人际关系还是小事，偏执到了极点，看什么都不顺眼，全世界的人和物都不能让他满意，这时候偏执者已病入膏肓。

古时候有个富翁，他有一个独生女，长得无比娇美，性格温柔，才情又好，可谓样样优秀。富翁爱若掌上明珠，在女儿很小的时候，就发誓只有世间最好的男子才能娶自己的女儿。

转眼女儿到了婚嫁年龄，来提亲的媒人络绎不绝，可富翁总是对男方的条件诸多挑剔，认为对方配不上自己的女儿。于是，富翁拒绝了一个又一个求婚者。

又过了几年，富翁的女儿渐渐老去，求婚的人越来越少，富翁的妻子劝他："不要再耽误女儿的终身，找个差不多的对象就好。"富翁却说："我对女儿负责才会如此，终身大事，怎么能随随便便呢？"仍然对求婚者挑剔不已。又过了几年，已经没有人来向富翁的女儿求婚。

男与女能够成为夫妻，靠的是感情，靠的是缘分。偏偏有人执意要替女儿选个最好的婆家，挑三拣四，耽误了女儿一辈子。其实不论人与事，合适与中意才是最重要的，非要制定一个"最高标准"，然后按图索骥，无异于大海捞针。就算真能找到，没准人家也是个偏执狂，偏偏就是看不上你。

世界上也许有你心目中的十全十美，你所想象的完美在别人眼中可能是

"不美"。凡事高标准没有什么不对，对自己要求严格能够提升能力，对他人要求严格虽然可能得罪人，却也有人敬重你的认真与正直。但高要求变成苛求，就让人吃不消。何况你的标准并不是别人的标准，何必强人所难？

人生最怕"意难平"，一旦自己太过挑剔，觉得不满意，花好月圆也好，金榜题名也罢，都成了灰色的，不值得骄傲，这是一种自己造成的遗憾。因为心中最想要的事没有做到，到手的东西难免看着就不顺眼。太过苛求就是病态，如果生命始终以这样一种苛刻的标准来衡量，就没有进步，没有提高，更谈不上幸福，谈不上享受，这样的人生又有什么意义？不如放低标准，放宽心胸，接纳自己也接纳他人。很美，却不完美，才是生命的常态。

·006·

过度的爱便是伤害

一日，一个人路过一个花园，见花园鸟语花香，一派春日祥和景致。他正在散步，突然听到一棵高大的树上传来一阵哀鸣，举头看去，是一窝小鸟因害怕而啼叫。

"这么小的鸟却放在这么高的树上，难怪会害怕。"他不忍听到小鸟的叫声，就拿了梯子，把鸟窝放在低一些的树枝上。

第二天，这个人又路过花园，又听到小鸟的啼叫，于是他又将鸟窝放低了一些。如此几天，小鸟终于心满意足，发出欢悦的声音，他终于能够放下心。

没过多久，这个人再一次来，结果发现鸟巢放得太低，小鸟都被附近的野猫叼走了。此人顿时明白，自己对小鸟的所谓帮助，却杀死了它们，他懊悔不已。

一种感情一旦过度，就成了"痴"，过度的爱也是如此。想多为对方做一些事并不是错，但人们常常忘记自己并不是对方，自己需要的对方并不一定需要。更糟的是，有时你想到的东西非但不能帮助对方，还会给对方带来危害。故事中的人本着一颗慈悲之心帮助小鸟，却害得小鸟丧生，这就是过度的关爱害了他人的例子。

世界上最伟大的感情就是爱。爱，既包括父母子女之间无条件的呵护与扶持，也包括男女之间无缘由的吸引与迷恋，还包括朋友之间无偿的关怀与信任，更包括对他人对世界的真诚奉献。但是，父母过度溺爱会让孩子无法独立；情侣过度沉迷爱情会失去自我；朋友间过度关怀就成了束缚……爱应该有一个限度，一旦超过这个限度，爱就成了一种伤害。

感情的限度不好把握，却必须把握。掌握这个"度"其实并不难，只要能够站在他人的角度，认真为他人着想，即使给予什么，也不要过量，就能够既让对方察觉到你的心意，又保证对方的独立性。要记得你的关怀应该是对方的辅助，而不是越俎代庖，什么事都为对方做，因为你帮得了他一时，帮不了他一世。

一对老夫妻住在一座海岛上，过着与世隔绝的生活。老人每天在近海捕鱼，妇人喂家禽，夫妻二人生活平静。一日，一群天鹅落在海岛上，老夫妻很喜欢这些漂亮的鸟，拿出谷物招待它们，天鹅们也很喜欢这对老夫妻。

日复一日，天鹅群分成两个阵营，一个阵营认为老夫妻心地善良，真心喜欢它们，它们应该留下来陪伴老夫妻，另一个阵营认为天鹅应该寻找最适合居住的地方，而不是这个只能依靠老夫妻的海岛。两个阵营经过激烈争吵，无法达成共识。最后，一批天鹅飞走了，另一批天鹅留了下来，和老夫妻一起快乐地生活着。

过了几年，飞走的天鹅早已找到了栖息的乐土，它们再一次来到海岛，想要感谢那对老夫妻，也看一看自己的同伴。没想到，岛上什么也没有，只有当年的老房子。原来，这几年，老夫妻先后去世，天鹅来不及飞走，在湖面封冻的时候全都饿死了，及时离开的天鹅，靠着自身的本领，避免了这种命运。

依赖是一种深厚的感情，故事中的人与天鹅相互依赖，彼此善待，在外人看来这是和谐美满的一幕。有时候我们的爱是对他人的一种回报，但要记得回报应该量力而行，如果你不能保证自己的生存与强大，如何更好地回报对方？如果执着于这种依赖，很可能像故事中的天鹅那样失去生命，这也是一种必须放弃的"痴"。

爱是一种无私的情感，别人给予爱，并不是要把爱当作一种工具，甚至不求你会回报。如果你想要报答，首先要想到的是自己的能力，自己能做些什么，而不是做那些自己力所不能及的事，这样不但不能报答对方，还会让对方有负罪感。生活中，我们要注意感情的平衡，不论是给予还是报答，都不要过度，过度不但会害别人，更会害了自己。

有个成语叫作"情深不寿"，感情太深就不易持久，就像火焰燃得太烈很快就会熄灭。这种感情并非不真不美，只是它过了度。不妨在爱的过程中也有一颗禅心，用一种平和而有节制的态度付出爱，接受爱。懂得大爱的人，不会为一人一事过度执迷，他们的爱往往出现在人们最需要的时候，如春风化雨，恰如其分。

·007·

空杯的智慧

一个小和尚在一座寺院修行三年，自觉没有长进，他对师父诉说自己的困惑："师父，我每天都在读佛经，一有时间就思考佛理，为什么觉得自己没有任何进步？"

师父说："在说这个问题之前，我们先喝一杯茶吧。"说着，师父亲自为小和尚的茶杯斟满茶水。眼看茶水溢了出来，小和尚说："师父，水溢出来了，杯子已经满了。"

"不，杯子没有满。还能继续倒。"师父说，继续倒茶。

"杯子已经满了，怎么能再容纳茶水呢？"小和尚说。

"那么，你的脑子已经满了，哪里还能容纳新的东西？"师父反问。

小和尚恍然大悟，说："原来我心里装不进东西，是因为它已经满了。我还没有消化，就想要新的东西，欲速则不达，难怪没有进步。"

人总是希望心灵能够宁静祥和，又害怕一成不变的生活，就算是修禅的人也渴望每天都能看到自己的进步。但是，欲速则不达，小和尚把自己装得太满，就成了一个密闭的容器，不但装不了新东西，连旧的东西都无法正常流动，思维也就出现了钝化，难怪没有进步。

如果把人生比作香茶一壶，我们每个人都在滚水般的困境中历练，才散发出香气。人生的价值应该是外向的,所以我们应该学着奉献,就像茶水倾倒出来供人解渴,同时还要记得不要装得太满,这样才能填充新的东西,补充新的滋味。

比起肉体的衰老,精神上的停滞更加可怕。一旦思维困在某个角落,眼睛就不会注意其他东西,脑子全围绕着一个东西转动,最后成了钟表上的时针,机械呆板,再也没有新意,这就是"痴"的代价。如果能给心灵留点空间,在这个空间里,我们可以站得高一点,想得深一点,看得远一点,也在这个空间,你就能够察觉自己有远离尘嚣的一面。

张黎和徐青是一对好朋友。大学时,她们在不同的宿舍,学不同的专业,每周见几次面,每次见面都要给对方一些小礼物,还有说不完的话。她们觉得对方就像自己的亲姐妹一样,只盼望毕业后两个人能够住在一起,朝夕相处。

毕业后,张黎和徐青终于能够搬到一起,没想到,她们的相处并不是那么理想。两个人住得近,矛盾就多,难免挑剔对方,发生口角。终于有一天,两个人吵翻了,张黎嚷嚷着说要搬家。一位师姐听说这件事后说:"以前你们两个好得像是要穿同一条裤子,怎么毕业没多久就吵翻了呢?有道是距离产生美,你们不用搬家,只要不住在同一间房里,保证没事。"

张黎和徐青没有搬家,只是住到了不同的房间。二人有了各自的空间,关系果然缓和了不少,依然是很好的朋友。

常言道:"距离产生美。"这句话是与人相处的至理。两个人一旦太接近,缺点就会暴露无遗。不在一起的时候,想到的都是对方的好;朝夕相处之后,看到的都是对方的不好。不要小看人的挑剔,如果人一开始就能懂得宽容,又怎么会有那么多人提倡修养心性?

与他人保持一定的距离并不是件坏事,一朵花远远看着是美丽的,不必非要凑到跟前,连它被虫子咬的痕迹也看个一清二楚,既让你不愉快也让它难过。除非你已经达到了禅者的境界：不管它有什么优点缺点，你能够全盘接受，并依然能欣赏它的美。

  人也应该与世界保持一点距离，才能给自己留下转身的空间。与世界保持距离，就是什么事都不要做过头。小说电影里总在重复人生的痴迷，但要记得只有清醒的人才能把握生命，我们都免不了一时痴迷，但到一定程度就要懂得收敛，才有机会获得真正属于自己的东西。

  照相的人都有这种体会：镜头只有调到不远不近时，拍出的相片才是最美的。人的生活也是如此，通晓事理的人应该从容地调整自己的镜头，不必那么急迫，放下执念，让心灵始终有个宽阔的所在，在悠然自得中，自有最美的一瞬。

第六章
遵从内心善意的引导

"义"是我国一个古来的概念,也是人们遵循了几千年的道德规范,重义者讲信用、讲原则、存善心,历来为人所称道,被奉为君子。

慈悲的人心中有义,他们会遵从内心善意的引导,始终意念端正,注重诚信,不会损人利己、背离本心。只要心中常怀仁义,行善举、结善缘,心灵永不会孤单。

· 001 ·

积累信用,既允诺便达成

古时候,有个国王接到一个犯人的请愿书。这个犯人犯了死罪,他惦记家乡的母亲,想要回家见母亲最后一面,希望国王宽宏大量,能够给他这个机会。他向国王发誓,行刑当天一定赶回来受死。这封请愿书最后由一位大臣转交。

"你为什么要把这封信转给我?"国王问大臣。

"我认为一个孝顺的年轻人应该得到您的恩准。"大臣说。

"如果有一个人愿意代替他进到牢房,我就放他回家看母亲。"国王说,"难道你愿意为这个孝顺的人进牢房吗?"

"如果没有其他的人愿意代替他,我愿意这样做。"大臣说,"我相信孝子会讲信用。"

"如果他没有按期赶回来,那走上断头台的人就会是你。"国王警告,大臣表示同意,其他大臣都认为这个大臣疯了。那个被放回家乡的犯人一直没有消息,转眼,就到了行刑的那一天,大臣却没有表现出后悔的神色,无所畏惧地走上绞刑台。

这时,犯人从远处飞奔而来,对国王说:"对不起陛下,我回来时,路上发生地震,我好不容易才赶到这里。幸好还来得及,请释放那位好心的大臣,现在我可以了无牵挂地走上绞刑台了!"国王听了感叹:"你不但孝顺,还是个有信用的人,这样的人应该继续活着,我决定让你当我的秘书官。至于我那位好心的大臣,这样的气度,应该出任宰相一职!"

很多时候,人格不仅是内在的修养,还需要一个外在标度,在人的各种行为中,守信最被看重。就像故事中的犯人与大臣,大臣相信他人的信用,也要维持自己的信用;犯人为了一句承诺同样历尽艰苦。国王对两个人的重用,反映的正是人们对有信用的人的评价:他们值得信任,值得托付,不论何时都值得尊重。

中国古代有个叫季布的人非常讲信用,当时有人夸奖他"得黄金千斤,不如得季布一诺",这就是成语"一诺千金"的由来。如果人与人之间没有诚信做纽带,人际关系只剩下欺骗与相互利用,就再也没有感情可言了,所以,人们非常注重自己的信誉度,一旦被贴上"不讲信誉"的标签,他人就再也无法对他信任。

"信"是"义"的重要部分,答应过的事一定要做到就是信用。人无信不立，事无信不成。信用没有大小，最小的事，如约好了时间却迟到，也是不守信用的表现。即使是这样的失信，也需要检讨和道歉。唯有如此，才能养成自己守信的性格。凡事在于点滴积累，注重日常小节，才能真正成为一个懂得守信的人。

老贾是某工厂的车间主任，也是业务高手。厂长经常对人称赞："我们厂的老贾一点也不'假'，有了他，我从不担心厂里的事！"

去年，工厂遇到了麻烦，因为竞争对手的强劲打击，销售量出现下滑趋势，偏巧这个时候厂长生了重病。厂长对老贾说："老贾，我知道厂子现在效益不好，我把它暂时交给你，你帮我看着，等我病好了立刻回去。"老贾郑重答应了卧床的厂长。

厂里的效益连连下降，不少人跳槽，也有人劝老贾："别在这个厂子耽误时间了，这个厂子的产品早就没有市场了，偏偏没有生产新产品的机器，而且连资金都没有，这个厂子早晚会倒闭。你年纪这么大，应该趁还有精力，赶快跳槽，再过几年你也不值钱了。"

老贾不为所动，他说："既然我答应了厂长，就算倒闭，我也要撑着。"很多工人被老贾感动。半年后，厂长身体康复，重新整顿了工厂，贷款买了新设备，终于使厂子起死回生。厂长说："这家厂子还能存在，最大的功臣不是我，是老贾，老贾不假！"

信用是无价的财富，信用就是"不假"。在生活中我们不难发现，不论是厂商、商店还是饭店，越是大型的企业，越重视自己的信誉，不论哪一个环节出了问题，他们一定会在第一时间采取补救措施，力图使影响变得最小。因为一个品牌得到信誉靠的是日积月累，但一个微小的疏忽换来顾客的质疑，这个品牌的生命力就岌岌可危了。

做人也是如此，每个人都应该有自己的"品牌"，你可以张扬个性，但不能失去信用这个底座，否则就是无耻小人。信用代表真实，失信代表虚假。人与人的关系不只靠感情来决定，有时也靠信用来决定。就像上面故事中的老贾，他能够得到旁人的尊敬，就是因为他能够放弃一己之私，完成别人的托付。因为有信用，他的名字就是一道牌子。

诚信是一张通行证，不仅可以伴随你闯过事业的门槛，还能对你的人生大有助益。一个讲求诚信的人处处都让人信赖，因为别人放心他的人格，也就能够安心地与他共事、与他交往、对他倾诉肺腑之言，成为莫逆之交。

信用也与一个人的心性有关，因为它能够让你通向别人的心灵深处，让你能够更加真实地认识他人、认识世界，自然也就看得透。有信用的人不会为他人的行为更改自己的内心，这就是定性。信用与定性相辅相成，故修禅者讲求信义，心正神明。

·002·

信任，有时是对他人最大的帮助

一位禅师接到万里之外的家书，家人说他的侄子性格顽劣、行迹放荡，不管家人如何劝说，依然不务正业。家人希望禅师回来劝劝这个侄子。

禅师接到这封信后即刻起程，赶回家乡。家人团聚，欢天喜地，侄子特意邀请禅师在自己家中过夜。晚上，禅师对侄子说："我接到家书，原为来劝你浪子回头，但我今日看你性格热诚、生性憨实，并不是奸邪之辈，可见众人误解了你。我明日一早便要回返，你要保重自己。"侄子连连点头，连夜为禅师准备行李。

禅师回寺后，又接到家书，家人说侄子如今脱胎换骨，再也不做过去的浪荡事了。

什么是真正的"信"？这个字应该看两方面，不但要让他人信任，还要信任他人。人非圣贤，孰能无过？每个人都有犯错甚至荒唐的时候，但一时的错误并不等于一辈子的错误。就像故事中的禅师，对顽劣的侄子没有说教，只是以自己的行动告诉对方："我相信你的人格。"就是这种无言的相信让犯错的人反省自己，引导人走向正途。

相信他人的悔过，就等于给别人一个改正错误的机会。人人都会有错误，有些人不知道自己有错，这时候你提醒他，是一种信任；有些人知错不改，你指正他、相信他，仍然是信任。信任是对他人人格的最大尊重，如果你信任一个人，即使只是一句言语，也会给人以巨大的力量，让他相信自我，欣赏自我，进而超越自我。

森林里的狐狸经常有小偷小摸行为，不是偷鸡就是偷粮食。森林之王狮子将它训斥一顿，然后说："为什么你就不能洗心革面？难道你不想堂堂正正地做人？"

狐狸惭愧地低下了头，它在所有动物面前发誓，今后一定不再偷窃。

新生活的道路是艰难的，动物们早就把它当成惯犯，谁也不肯相信它。它去花园赏花，猫以为它要偷架子上的葡萄，大喊大叫；它去河边洗脸，鸭子以为它要偷鸭蛋，紧张地盯着它……狐狸在这些怀有敌意的目光下，渐渐开始绝望，决心再干自己的老本行。

它准备先偷一只鸡填饱肚子。刚刚打定主意，就看到一只小鸡正在路边哭。狐狸走上去，小鸡说："狐狸先生！太好了，遇到了您。我迷路了，你愿意送我回家吗？"

看到小鸡信任的眼神，狐狸觉得很自豪，它立刻打消了吃掉小鸡的念头，将小鸡平平安安地送回家。

对那些思想不够坚定的人，行善，还是作恶？有时候只是一瞬间的事，身边的风气好，总有人倡导为善，自然无从产生恶念；如果本身就有前科，身边的人还不信任，很容易旧病复发，一错再错。有时候一个人人格的建立，需要旁人的帮忙，最好的帮助就是信任与认同，就像故事里的狐狸，感到小鸡真诚的信任，立刻就有了向上力量。

信任是清泉，能够洗涤他人心中的污垢。我们每个人都不完美，在灵魂深处，都有些不为人知的污浊念头。有些人喜欢贪小便宜，遇事就想占点便宜；有些人喜欢造谣生事，听到闲话就想推波助澜……但是，在信任的目光中，他们却会收回自己已经伸出去的手，闭上自己已经张开的嘴巴。因为他们知道不能辜负别人的信任，一旦破坏了自己的形象，这种信任就会荡然无存，从此再也得不到他人的信任——对他人的信任，无疑是对他的一种监督。

修禅的人能够坦然地相信他人，即使是骗过自己的人，他们也不吝惜自己的信任，愿意一次又一次给他人机会。他们相信每个人都有自己的不得已，才会欺骗，才会做坏事，只有他人的信任才能让他们重新审视自己的心灵，完善已经有了缺失的人格。重义者要有一颗宽容的心，要相信世界上更多的人和你一样，愿意给予信任。既然他人的信任曾经给过你笑对人生的自信，你也要用自己的信任给人以力量，给人以追求。

· 003 ·

不违背本心地生活

一位禅师在和三个弟子谈心,他让弟子们分别说一说各人做过的最自豪的一件事。

大弟子说:"我对自己最自豪的事是察觉我是个不贪心的人。有一次,有个异国的商人将一袋珠宝放在我这里,他并不清楚里边究竟有多少珠宝。而我原封不动地还给了他,没有拿他一分一毫。"禅师说:"这是一个人应该做的,你如果暗中拿了他的宝石,你现在会是个什么样的人呢?"

二弟子说:"有一次我救了一个落水的小孩,他的父母拿出厚礼谢我,我分文不取。我认为自己是一个仗义的人。"禅师说:"这是你应该做的,假如你见死不救,你会良心不安。"

三弟子说:"我一直很自豪我是一个仁慈的人。有一次,我看到一个人就要掉入悬崖,我将他救了起来——这个人是我的仇人,他一直在背地里中伤我,还害过我很多次。"禅师说:"以德报怨,的确是值得赞扬的事。不论是难做的,还是易做的,只要不违背自己的良心,都是可贵的,你们三个都有可贵的品质。"

存大义的人必有良心,良心也可以称作良知,是那种被社会认可、被舆论接纳、被自己承认的道德行为准则。这个故事中的三兄弟,他们的作为都从自己良心出发，都得到了赞誉。一个人做该做的事，不忘良心，才不会有侵犯的过失；做原来不易做到的事，就更能彰显良心的光芒。其实，在我们的生活中，良心比任何东西都可贵。

一个有良心的人不会侵害他人的利益，因为他会时时提醒自己他人的存在，他人的不易。良心常常与善良相连，不忍心看到他人遭遇不幸，不忍心置困境中的人于不顾，也不忍心让他人陷入危险。有良心的人很少做坏事，因为他们过不了自己这一关，他们害怕会受到良心的谴责，内疚后悔，不得安宁。

良心能够维系人与人之间的感情。社会生活中，人们常常呼唤良知与奉献，法律固然是社会得以正常运转的基础，但人们如果仅仅依照法律条文，不做违法的事，也不在别人需要帮助的时候"多管闲事"，这个社会就会变得麻木而冷漠，生活在其中的人也会渐渐变成有血有肉的机器人。

红叶禅师和他的弟子在雪地里行走，弟子惊奇地发现，红叶禅师的脚印印在雪地上，是一条笔直的线，而弟子们的脚印却歪歪扭扭。他们问："师父，为什么你的脚印是直的，我们的脚印却是歪斜的？"

红叶禅师说："那是因为我走路时一直看着远处的那座山，有了这个目标，路就会变得笔直；你们走路时心有旁骛，东看看西看看，自然就会歪歪斜斜。"

看到徒弟们若有所思，红叶禅师继续说："还有人走路只盯着自己的脚，走歪了路还不自知。如果没有固定的目标物，人很容易就走上歪路。"

听了禅师的一番话，徒弟们按照红叶禅师的说法走路。果然，他们的脚印变得笔直而整齐。

有经验的人常常奉劝后辈："人不怕走错路，最怕走歪路。"错路有回头的余地，而歪路却能让人步入深渊，无法自拔。因为一直在同一个方向行走，人们察觉不到自己已经有了偏差，继续走下去，偏差越来越大；走得越远，错误就越大，这就是人们所说的"失之毫厘，谬之千里"。

人生的路程也容易出现偏差，因为我们的心不是时时刻刻都能端正。我们常被外界迷惑，灯红酒绿，纸醉金迷，这些都能使我们本来正直的心开始倾斜，想要放纵自己进行尝试。如果一个人没有原则和底线，极易在诱惑之下迷失自我。

如何才能让双脚走得笔直，让心境始终澄明？故事中的红叶禅师说出了答案："要确立一个目标。"这个目标是什么？就是我们对人对事的良心、为人处世的原则。修禅的人的心中始终都有这样一个准绳，就是凡事不违背自己的本心，与自己的良心相违背的，就算有巨大的利益也不会去做；那些与原则符合的，即使让自己为难，需要作出牺牲，也要义无反顾。现实生活中，我们大多不会遇到"舍生取义"的机会，所以才更要从点滴小事上注意自己的道德积累，唯有如此，才能成为一个受人尊敬的人。

·004·

被分享与分享，都是幸福的事

人们为什么害怕孤单？是害怕困难的时候没有人帮助？事实上帮助只是辅助，多数时候我们都要靠一个人的力量生存发展；是害怕难过的时候无人安慰吗？自己的痛自己最清楚，就算没有安慰我们依然有坚强的品格……我们真正害怕的并不是一个人做什么，而是做到了什么没有人分享，快乐的心情无法与人分享，就是最大的惩罚。

人生需要分享，没有人分享的人生，哪怕面对快乐，那也是一种惩罚。不会与别人分享，最终的结果是自己也享受不到。快乐分给大家就会成倍地增加；悲伤有人承担，伤心也会成倍地减少；相反，如果独自一个人沉浸在伤感的情绪中，只会落得郁郁寡欢，不论是成功还是失败，有人分享，快乐就会加倍，失落就会减少，他人的陪伴能够让你宽心、让你坚强。

什么样的人总是拒绝分享？除了自闭症患者，一种是自私的人，一种是亏心的人。自私的人害怕别人分到他的好处，总是藏着掖着，生怕别人觊觎，事实上他们的成就别人并不放在眼里；做了亏心事的人更无法与他人分享，他正被自己的良心指责，更害怕他人知道自己的秘密，从此失去个人形象。这两种人只能在自己的世界里，前者小心翼翼，后者鬼鬼祟祟。

一家公司的大老板即将迎来自己的第五十个生日，他是个事业有成的男人，但妻子早已跟他离婚，孩子在国外上学，公司的员工们象征性地送他礼物，他身边没有多少朋友，生日当天，他一个人坐在客厅里喝酒。

这一天本来是值得骄傲的一天，他牵线研发的新产品打入了国际市场，反响非常好。在公司，他踌躇满志，给所有参与研究和销售的员工发了奖金，但回到家，他却不知该向谁述说自己的喜悦。他坐在客厅反思自己，他是个暴躁的人，经常乱发脾气，身边的秘书换了不知道多少任。他知道不是别人有问题，是他自己个性太孤僻。究竟什么时候，才能结束这种孤独的状况呢？他喝了一杯又一杯，却没有人告诉他答案。

值得骄傲的人生不一定是幸福的人生，也有可能充满失意和痛苦。当喜悦的时候端起酒杯，对面却无人愿意和自己干杯，这样的感觉不只是孤独，更是悲凉。故事中的老板到了50岁，身边却没有一个愿意与他分享人生的人，就算借酒浇愁，又能浇开多少苦闷？

修禅的人一向倡导做人不能太"独善其身"，要注意与他人的交流与分享。一个善行如果没有人接受，就不能成为善行。在生活中，我们要有一种与他人分享的心态，特别是那些积极有益的事，更要经常惦记他人。这其实也是一种"义"。所谓"义"，简单地说来其实就是把困难留给自己，方便让给他人。

时时刻刻保持一种分享的心态，就像你一个人在夜路上行走，抬起头看到满天灿烂星斗，你觉得很美，这时候如果你能告诉身边的人，才能真正觉得快乐。相反如果身边没有人，你只能自言自语，再多的星星也并不能让你快乐。学会分享，当你一路跋涉，忍受孤苦艰辛，知道前方有人等待着你凯旋时，你才会得到力量，明白旅途的意义。

· 005 ·

别让你的善意成为对他的伤害

有个姑娘护校毕业，被分配到一家大医院。她成绩优异，很快就成了护士中的佼佼者，后来又成为护士长。她经常给新来的护士讲自己的经历：

"我实习的时候，是个不懂事的孩子，以为当护士只要做好本职工作，拥有优秀的技术就行。有一次，我护理一个病人，病人问我他究竟生了什么病，我认为病人有权利知道自己的病情，就告诉他是肝癌晚期。带队的护士知道后严厉地批评了我，他说医生和病人的家属都知道病情，为了让病人有开朗的心情，他们都没有告诉他，希望他能在良好的感觉中走完生命中最后一段路。"

"我将真相告诉了病人，病人整天忧愁，病情更重，很快就去世了。我将这件事告诉你们，是希望你们能有一颗为人着想的心，时时刻刻为病人的心情考虑，这样才不会做出让自己后悔的事。种下善因，才能收获善果，如果种下恶因，只会让自己后悔。"

我们说，要对他人要心存善意。那么什么是善意？善意不是单纯的好心，机械的重"义"，若不能体会别人的心情，只按照自己的意愿行事，就算是好心也会办错事。就像故事中的护士，她以为自己做得对，却造成了一个生命的过早离世。

想做个有善意的人，首先要对他人心存善念。据说成功大师卡耐基小时候常做坏事，他的继母却认为小孩子的教育在父母，坚持说他是个好孩子——这就是以最善良的目光看待他人，即使他人有缺点，也要看到闪光的一面、有潜质的一面。

有善良的眼光还不够，还要有善良的行为。不要按照自己的观念去想别人，要看别人需要什么。设身处地考虑到别人的心情，才称得上真正的善待；否则就像对一个聋哑人唱歌，你的本意是安慰他的伤痛，他却认为你在讽刺他、贬低他。

一位大官六十大寿，达官显贵们都来庆祝。有个与大官交好的商人也来庆祝，他送上贺礼，那贺礼是一幅名家牡丹图，珍贵的丝绢上，一朵朵牡丹栩栩如生，令人惊叹。

在古代，商人一向被人瞧不起，有个官员故意挑刺，指着牡丹图说："奇怪，这牡丹花画得是不错，怎么最上边那朵只有一半？这画不全，不就是'富贵不全'的意思吗？真不吉利。"商人一看，牡丹花果然缺了半朵，只好检讨自己不够认真。

主人听了以后哈哈大笑说："牡丹代表富贵，半朵代表'无边'，这幅画的寓意就是'富贵无边'，这真是一幅好画！"在主人善意的解说下，商人紧皱的眉头才渐渐松开，宾主尽欢。

每个人个性不同，有人心细如发，有人粗心大意。粗心的人做事往往考虑不周，有时会得罪你，有时会耽误你，这个时候如果急躁起来，伤害了他人的美意，也显得自己不够体谅别人。故事中的商人送了一份残缺的牡丹图，旁人看着晦气，主人却知道商人不是故意的，一句"富贵无边"既保住了朋友的面子，也显示了自己的豁达。

及时察觉别人的善意。有时候善意不一定以你想要的方式到来，比如你做错事想要一句安慰，朋友却对你当头训斥一通。这个时候你应该知道朋友的本意是怕你下次继续犯错，千万不要计较善意的形式，最难得的是有人肯关心你、提醒你。

如果我们都能以善意的眼光看待身边的人，生活中不知会减少多少纷争和误会；如果每个人都愿意善待身边的人，我们就会终日生活在温暖的关爱中。一个懂得修心的人不必要求别人什么，他们明白最重要的是自己的行为，善心生善行，善行种善因，如果每个人都能如此，世界便会充满大爱，暖若三春。

第七章
没什么比感情更值得用心维护

　　世间最珍贵的事物莫过于感情，与家人的天伦之情，与爱人的恋慕之情，与友人的相知之情，还有对他人对世界的热情，都是无可替代的存在，有了这些，人才不觉孤独。

　　慈悲是对感情的细心呵护，他们明白感情的可贵。世间很多事需要看淡，如名与利、得与失、是与非，唯有重情的心除外，情感最能够慰藉我们的灵魂。

· 001 ·

有情，人心才不孤独

　　在古代，盐是珍贵物品，很多人一生都没见过盐巴。寺庙里过着清苦生活的和尚更是如此，他们每天粗茶淡饭，小和尚们只有随师父出去做客时，才能吃到一些好东西。

　　一次，一位财主邀请寺里的僧人前去做客，师父带着小和尚到了财主家。小和尚第一次看到盐巴，他问财主："这是什么东西？为什么要把它加进饭菜里？"

"这是盐巴，把它加进饭菜里，饭菜就会变得美味。"财主说。他吩咐下人多给小和尚加饭，和师父聊了起来，他说："近日常觉心神恍惚，看了医生，医生说我身体很好。"

"我想这是富贵太盛所致。"师父说。

"富贵太盛如何致病？"财主问。

"人生富贵正如饭菜里的盐巴，作为作料，会使饭菜更有滋味；如果只吃盐巴，就会苦涩难忍。你虽然家财万贯，却没有合意的妻子、畅谈的朋友，怎么能不心闷呢？如果能放下对金钱的执念，留意家眷的心情，与三两老友时常相聚，又怎么会心神恍惚？"财主看到吃饭吃得香喷喷的小和尚，深以为然。

人情如饭，富贵如盐，人与人之间的维系靠的就是一份感情。以利益维系的人，利益在时聚在一起，利益不在时形同陌路，利益冲突时反目成仇。名与利都是外物，不能与真情相比。没有真情只有名利的人生，就如一顿只吃盐巴的宴席，只有咸和苦——就像故事中备感孤独的富翁，他认为自己有能力享受人生，却不知该如何享受。

有时候人们会觉得空虚，明明自己有很好的生活、很高的地位，却觉得心灵空荡荡地悬在半空，没有着落。如果做出成绩没有亲近的人祝贺，遭遇挫折没有友善的朋友协助，人生就只有孤独和跋涉；有了喜悦能够和人分享，有了痛苦有人愿意分担，就像海上的船能看得到港湾，这样的人生才能让人心安。

心安者不独。在汉语中，"独"字代表单一和孤立，人生漫漫，我们需要他人，这种"需要"并非功利性质，否则一切照顾都可以用金钱买到，何来感情？我们需要的是他人对自己真心的对待，特别是在生病时、伤心时、彷徨时，他人的关怀就尤为重要。金钱可以买到很多东西，但买不来真情真意，所以重情的人淡泊名利。

村里有位年近七十的老大爷，平日酷爱养花。有一次，老大爷的儿子给老大爷寻找到好品种的菊花种子，第二年秋天，老大爷的花园里开满了美丽的菊花，香味一直飘到村头。老大爷经常在花间漫步，有时喝上一杯酒，很有"采菊东篱下，悠然见南山"的感觉。

村里的人看了心生羡慕，都来向老大爷讨要菊花，想要移植到自己家中。老大爷很慷慨，只要有人来要，必然挖出开得最好的送给那人。没过多久，一花园的菊花送得干干净净。老人的院子里只剩下一堆土，但他仍然每天散步喝酒，飘飘若仙，村里人看了都称赞他。

老大爷的儿子回来看老大爷，只见花园里没有一朵花，他奇怪地问："怎么，我送你的菊花种子不能开花？"老大爷说："怎么不能开花，你难道没看到，村子里每家每户都有你送的菊花。"儿子仔细一看，果然，每家每户都飘着清雅的菊花香气。

淡泊名利的人能够接近禅境，在他们心中感情就如花香，不必拘于自己的园子，将它放在更多的地方，就会让更多人享受到一份怡然。故事中的老人不计较个人的得失，他明白好花要由众人一同欣赏，一个园子的花香只是剪影，一个村子的花香才是风景。

禅心之上处处皆有风景，因为把名利看淡，注重的便是人生的那一份快慰。很多事可以自己做，但如果和他人一起做，进度就格外地快，感觉也格外地好。享受彼此扶持的那份情谊，也享受了两心相安的依靠感，这样的人生才会格外踏实温暖，让人留恋。

重情的人不会被他人孤立。你看重什么，自然会着意维系，不会冷眼看着他人遭受厄运，也不会损人利己，只顾自己的利益。不必说富贵如浮云，这样说的人未必做得到；也不必感叹人情冷暖、世态炎凉，如人饮水，你的水温应该由自己加以调节。将那些身外之物看淡，体会和把握人世间的真情，如此心境才能安稳，生活才有真正的滋味。

·002·
放下架子，做个和善亲切的人

一个大四学生想要留在大都市，几经求职，都找不到合适的工作，他的心情越来越沉重。他的家庭贫困，不能为他提供生活费，生计问题切切实实地摆在眼前。这一天，他在食堂闷闷不乐地吃着饭，这四年来，他最喜欢这个窗口的饭菜，几乎天天光顾。

食堂里没有什么人，窗口的老板坐下来和他闲聊。知道了他的困难，老板说："大学生不是找不到工作，而是眼光太高，很多工作都不愿意做。如果你真想找个活计，我可以提供你一个选择：我最近要回老家探望父母，这个窗口没人管，我看你人挺实诚，不如你来帮我管一管这个窗口，就是帮我给学生卖卖饭。我在外面还有几个饭店，如果你做得好，以后你也可以去工作。"

这个学生本来想拒绝，但想到老板是一片好心，自己又急需生活费，还是答应了这件事。起初，面对老师、同学、认识的学弟学妹惊讶的目光，他觉得脸上发烧。没过几天他就镇定下来，他慢慢地熟悉了这样的环境，做起这些事来也更加得心应手了。他准备在老板手下好好学习几年，以后自己也开个饭店。

大学毕业，就业是个难题，多数人希望留在大城市、进大公司、有大作为……追求这些"大"，是因为他们认为自己是天之骄子，不能不做大事，否则辜负了自己四年的学习。那些硕士、博士眼高心更高，心志更大，普通的工作，他们甚至都不会考虑。他们太过看重自身的一点成绩，追逐的不过是一点名利，无形中，他们对这个世界端起了架子。

每个人都会希望自己有端架子的实力，多数人却只有空架子。一旦他们看重了一点虚名，就站在架子上不肯下来。别人都在辛辛苦苦地为大厦添砖加瓦，他们却坐在空架子上自诩自己高人一等，事实上那高度是空的，一有风吹草动，别人安享着结实的房屋，他们却在架子上摇摇晃晃、哆哆嗦嗦，后悔当初还不如放下身段，踏踏实实从基层做起。

名利是负累，过去的成绩会阻碍你的前进。不必总强调自己是什么样的人，有什么样的资历，重要的不是你曾经做了什么，而是你现在能做什么。太过强调自我的人，往往色厉内荏，被别人当成一只纸老虎，根本不被人放在眼里。那些懂得隐藏成绩，懂得把自己姿态放低的人，才是真正的实力派，他们平日不声不响，却总给人意外的惊喜。

罗尼是一家小超市的老板，他是个和蔼的胖子，他给员工的工钱不多，但来打工的人都很喜欢他，因为他是一个没有架子的人。

安妮一直在这里打工，从大一到大三，她说她跟着罗尼先生学会了很多东西。当她刚来这个超市打工的时候，有一次她在收款的时候出现失误，导致顾客对她责骂。这时，罗尼先生很平静地对她说："如果我是你的话，我就对顾客道歉，和平解决这件事，因为不论谁是谁非，影响的都是自己的形象、超市的声誉。"

后来，安妮发现罗尼先生从不摆老板架子教训人，当他想要提出什么意见，总会以朋友的口吻说："安妮，如果我是你，我会……"这样一来，安妮即使做错事被批评，也不觉得难堪，反倒觉得罗尼先生是真心实意为自己着想，鼓励自己。再后来，安妮加入学生会，成为部门干部，她在工作中也像罗尼一样，与部员相处融洽，大家都夸她是个好"领导"。

架子和面子是两回事，一位经理应该有经理的威严，维护他自己的面子，但不一定总是要做出高人一等的姿态，总教训手下，训斥他人。故事中的罗尼先生在批评他人时，注意交流方式，不给人脸色，不让人难堪，即使是批评，也让人感觉到温暖与关心。这样的人得到了员工真心的喜爱和敬重，因此更有面子。

有人做事喜欢端着架子，俨然把自己当成一个人物，以为这样就能不被人小瞧。事实上你端着架子，未必让你看起来有多么了不起，反倒伤害了你与他人之间的感情，容易造成他人情绪上的对立。端着架子的人很像树上的猴子，人们看到的不是它灵敏的身手，而是那红彤彤的屁股，难免要在心里嘲笑，轻视这种肤浅。

自重的人只对自己端架子，一颗禅心就是一个架子，放在上面的不是虚名与负累，也不是重重的疑心和思虑，更不是与人相处时的那点小小虚荣，而是人生的起伏和一份平稳的心态。比起那点可怜的仰视，他们更重视人与人之间的平等交流，他们对别人会放下架子，只保留欣赏与尊重，就算有再多的成绩，看上去依然平易近人、温和亲切。

·003·

记得为自己的亲人骄傲

　　血浓于水，亲情是世界上最无私的感情，养育之恩、培育之恩，这些都是我们不能忘记的。中国自古就讲究孝悌，不孝被视为一种大不敬，也是一个人道德上的污点。生活在现代社会，我们不必要求自己如同《二十四孝》的那些孝子们那样卧冰求鲤、彩衣娱亲，事实上那本书中有些孝子的做法，以今日的眼光看来稍显做作。

　　真正的孝顺在于一份心意，心意不在多少，只看你有没有想着。有一首歌里说："父母不图儿女为家做多大贡献，一辈子不容易就图个团团圆圆"，能够惦记父母，为父母着想，尽力报答他们的生养之恩，常常看看父母，与父母通个电话，这就是尽了儿女的本分。

　　美国总统亚伯拉罕·林肯出生在一个小木屋里，他的父亲是一个贫苦的鞋匠。当林肯竞选总统的时候，他的身份引起了他人的嘲笑。有一次，林肯要进行一次演讲，一位议员公开说："林肯先生，在你演讲之前，希望你一定要记住，你只是个鞋匠的儿子。"

　　林肯并没有露出羞愧的表情，他站起身，自豪地说："没错，非常感谢您在这个时候让我想起我的父亲。虽然他已经过世，但我要说，他是一个伟大的鞋匠，如果各位曾在我父亲那里修过鞋子，如果你们的鞋子出现任何问题，我都可以修好它。虽然我没有父亲那么好的技术，但我从小也跟他学了一些手艺。"

这一番话，听者无不感动，台下响起了经久不息的掌声。

林肯被称为"小木屋里的总统"，他的父亲生活贫困，这种出身在当时经常被政敌嘲笑。但不论在任何场合，林肯都以自己的父亲为骄傲，他明白，看轻父亲，就是看轻他自己，尊重父亲，也是尊重他自己、尊重普天下的父亲。一位伟人能够被人怀念，并不仅仅是因为他的功绩，还因为他有一颗平常心，让人觉得亲切。

人们尊重那些重视亲情的人，在常人看来，对父母好的人，就是知恩图报的人，他对别人也不会太坏。所以交朋友要交那种以父母为骄傲的，这样的人才懂得感情；谈恋爱要找那种孝顺父母的，这样的人才会重视家庭。一个重视亲情的人不会没有责任感，他明白自己做的事不单单为了个人，还为了支持他、爱护他的亲人。

亲人是我们最强大的后盾，不论你遇到多大的困境，亲人也不会离开你、背叛你。他们的力量也许并不强大，他们的信任却能够鼓舞你、安慰你。从小到大，从平凡到优秀，我们在亲人的呵护下一路走来，看过太多他们的汗水，任何时候，都要为自己的亲人感到由衷的骄傲。

· 004 ·

学着对爱付出

一个少女走进一座寺院,向禅师倾诉她的烦恼,她不明白一直追求自己的男孩为何不再理会自己。禅师说:"你先告诉我,你是怎样对待这个男孩的?"

"我认为女孩子对待爱情要矜持,所以,尽管他对我很热情,我却不敢表露我对他的喜欢,只是平平常常地跟他交往。"

禅师说:"这就是问题所在,我这里有一盏油灯,现在你点亮它。"

女孩依言会点油灯,油灯亮了起来,明亮温暖。没多久,火焰变小了,女孩说:"是不是要再添一些油,它才会继续燃烧?"禅师摇摇头,只见那火焰越来越小,最终熄灭了。

禅师说:"人与人的关系讲究缘法,也讲究方法,你和他互相爱慕,便是有缘,但你一味等待对方付出,自己没有一点表示,他的爱就会像灯芯一样燃尽。"

问世间情为何物,直教人生死相许。千百年来,人们讴歌纯洁的爱情,每个人都希望在茫茫人海,遇到一个相伴终身的爱侣。不过,每个人都有自己的脾气,在对待爱情的时候,自然也就有不同的方式。故事中的女孩不明白自己的爱情为何冷却,禅师告诉她:爱是双方的,火焰想要燃烧得久，就要不断补充灯油。爱情就是这样一个得到与付出不断交替的过程。

佛家讲究缘法，能够成为情侣的人自然便是有缘人。但人们常常感叹爱情不易长久，相爱简单相处难，有时候不经意的磕磕碰碰，就改变了它的性质，令某个人失去了最初的感觉，从而心灰意冷。激情会消散，留下的就是一种更为长远的关系。想要天长地久，就要动点脑筋，多多维持和经营这段关系，这就需要无私的奉献。

有科学家做过实验，发现两个人相处时，如果一方付出过多，一方付出过少，感情就会失衡，关系就不长久；只有双方都在付出，才能保证关系在平衡中得以维持。爱情是自私的，除了两个人之外容不下任何其他东西；它也是无私的，在得到的同时，每个人都要学会付出。付出不仅是指对对方的照顾，也包括对对方的体谅与宽容。

程伟是一个工程师，经常在全国各地负责施工监督。因为工作太忙他根本无法照顾家庭。朋友们都很担心他，有人劝他说："不如换一个轻松点的工作吧。不为自己想，也要为你太太着想，女人一个人待久了就会心生怨恨，以后她会经常抱怨你。"

程伟说："我太太是个明理的女人，她特别懂得体谅我。我们谈恋爱的时候，有一次我忙一个工程，半个月没有和她联系。我以为她一定会大发雷霆，甚至跟我分手。没想到她只是来了一封邮件，嘱咐我注意身体，如果有时间就给她回一封信，简单说一下近况就行。"

"真是一个懂得体谅人的女人。"朋友们听完不禁感叹这位太太的体贴和心胸。

两情若是久长时，又岂在朝朝暮暮。经常分居的爱人之间难免有所生疏，如果一方事务为烦恼，更会造成对另一方的冷落，这时感情就会出现危机。不过，如果能有一份宽容的心态，设身处地为对方着想，相信对方并非不牵挂自己，自然也就不会计较区区离别。

现代人总想追求浪漫，希望爱情关系中随时都有激情，但真正长久的爱情靠的并不是一时的激情，而是长久的付出与照顾。人们形容夫妻关系就像左手与右手，虽然平淡，却谁也离不开谁。在闹矛盾的时候，不妨想想对方的心情，与其用左手拍打右手，不如用左手抚摸右手，这种温柔才合乎爱情的本质。

想要维持爱情的新鲜，就要有适当的保鲜策略，体贴与谅解是爱情最好的保鲜剂。体谅对方是心灵上的付出，两个人如果都能尽量体谅对方，灵魂就能渐渐合二为一。缘分来之不易，爱情需要用心珍惜。茫茫人海，有一个贴心的爱人与自己相伴，任何时候都不会觉得孤独，那是怎样的一种幸运，又是怎样的一种幸福与满足。

· 005 ·

求同存异，是友情的基础

冬天到了，大地一片白茫茫。一只饿了几天的狼卧在一户人家的篱笆下，看门狗跑过来同情地说："老兄，你怎么这么凄惨？这是我从屋里拿出来的肉，你吃了它，休息一下吧。"

狼吃了肉，感激地说："多谢你，要不是你，我一定会饿死。今年冬天的雪可真大。"

狗看着狼瘦弱的样子，说："你要不要考虑替我的主人看家？这样你可以住在温暖的屋子里,每天都有肉片和食物。"狼摇摇头说:"不了,狼和狗不一样,如果不能随便走动,每天要拴着链子,我会难受死的!"狗说:"我们的确不一样,我更喜欢和主人在一起,互相依靠,互相照顾。不过我愿意和你交个朋友,如果你什么时候找不到东西吃,就来我这里,我会尽量招待你的,只是要注意别让我的主人看到……"

"没问题!"狼开心地说,"你是一个值得交往的朋友,我一定会经常来看你,如果有什么事也不会跟你客气!"

从此,狼经常来看狗,告诉狗很多大千世界的见闻,狗也经常在狼挨饿的时候提供食物,它们虽然志趣不同,依然是一对好朋友。

海内存知己,天涯若比邻。大千世界,每个人都需要朋友。你快乐的时候,他们陪你一起笑;你悲伤的时候,他们借出肩膀让你哭或者陪你一醉方休;你有困难的时候,他们及时伸出手拉你一把。朋友一生一起走,好的朋友是每个人一生最大的财富。

人生在世知己难求,有了好朋友,每个人都想珍惜。人与人个性不同,朋友之间也会有摩擦和冲突,也有不同的选择和道路,没有人能够自始至终与你保持一致。当你发现对方的不同,需要做的就是求同存异,而不是要求对方做出改变来迎合自己。

就像故事中的狗与狼,他们有各自的生活,但却保持对彼此的关心,分享各人世界里的喜怒哀乐。他们也许始终不能理解对方,但却是快乐的,这份不一样的陪伴让他们增长见闻,体会了另一种人生。最重要的是他们知道,有困难的时候对方一定会帮助自己,孤单的时候对方一定会来安慰自己——心灵上的陪伴,正是友情的真谛。而求同存异,是友情的基础。

英国是个讲究绅士风度的国家,在那里,每个人从小就受到尊重他人的教育。

一次,一位贵族邀请一位亚洲客人到家里做客。这位贵族家里很讲究,用餐前需要用柠檬水洗手。当清亮的柠檬水被端到客人面前时,客人以为这是用来喝的,为了表达对主人的热情,客人端起精美的小盆子一饮而尽。当时还有很多客人在场,看到这一幕,都很吃惊。

主人没有纠正客人的错误,为了照顾客人的面子,他也把面前的柠檬水端起来,喝得一滴不剩。其他客人看了,也喝掉了面前的柠檬水。大家都赞叹主人的素养,既避免了客人的尴尬,又让晚宴得顺利进行。

对待朋友,我们需要求同存异,求同存异代表一种对对方人格习惯的尊重。这种尊重应该存在于一切行为中,与陌生人交往更是如此。故事中的英国贵族看到客人不了解用餐规矩,他想到的并不是纠正——为什么让客人为一件自己并不了解的事当众出丑呢?这位贵族具有真正的绅士风度,相信在场所有人都会觉得他是个值得深交的人。

人与人不同,永远不要希望对方和你一样,你坚持的未必是正确的,他人的行为就算你看不顺眼,也不一定是错误。你能够容忍的差异越多,择友范围就越广,也能与更多的人友好相处,因为你对人的尊重与理解,好像一道阳光,照得人心里舒服。

禅者宣扬友善,中国历史上不少禅师因交往广泛留下诸多佳话。人生在世,哪个人能缺少朋友?好的朋友为你付出,为你指路,为你保留一方友善的天空,这是你一生的财富。正因如此,对待朋友,你要付出更多的耐心与宽容,才对得起你们之间珍贵的情谊。永远不要挑剔朋友,朋友的优点会让你一生受益,朋友的关怀会让你时刻温暖。

·006·
给予他人真正需要的帮助

古时候，有个书生走在大路上，发现一条小鱼陷在深深的车辙里。车辙里的水已经干涸，小鱼奄奄一息，看到书生，它挣扎着说："善良的书生，请你救救我，别让我渴死。"

书生同情小鱼，对它说："你真可怜，我这就去禀告国王，开凿水渠，将大河和东海的水引到这里，这样你就可以自由自在地生活了。"

小鱼说道："你随便舀一瓢水给我，就能救我一命，可是你却在这里夸夸其谈，等到你说的水渠开凿完毕，我早就渴死了。你真的要救我吗？"

小鱼马上就要渴死，路过的书生发下宏愿，要给小鱼开凿水渠。想要帮助他人是件好事，但要知道远水不解近渴，有心不一定就能帮助人，用错方法也帮不了人。就如在沙漠里干渴的旅人，海市蜃楼再美，也不能让他解渴，切莫让自己的好心成了他人的海市蜃楼。

一个重视他人、关心他人的人，必然有爱心，并愿意帮助他人。但帮助也需要头脑，别人需要帮助的时候你去帮助，人家感激你；别人不需要帮助的时候你非要帮人家做事，人家会以为你精神出了问题，或认为你无端大献殷勤，别有所图。可见好心应该有，但要放对地方。

张先生路过街边的广场，听到一阵阵叫骂声，走近一看，才发现广场上有一群孩子在打架。其中一个孩子被打翻在地，其他孩子上去拳打脚踢，被打的孩子发出呼救声，其他的孩子不管不顾，不停地打去。直到地上的孩子再也爬不起来了，其他孩子才扬长而去。

张先生心生同情，就从口袋里拿出手帕，上前想要扶起那个孩子，孩子却说："我不需要你的帮助，刚才你明明看到了他们在打我，你只要出言制止，就可以让我不再挨打，可是你却没有说话。你以为我现在需要一条包扎伤口的手帕吗？"张先生听了，惭愧不已。

在他人需要的时候提供帮助，是雪中送炭，等到他人渡过了难关，你再赶过去说要帮助对方，最多算是锦上添花。人们怀念的是寒冷时候的炭火，而不是热闹时候的一朵鲜花。故事中的张先生显然犯了这个错误，所以他得到的不是感激，而是轻视。

当然，我们帮助别人的目的并不是为了让人怀念，而是为了自己的善心。但善心不能以正确的方式及时表达，对他人对自己也是一种遗憾。既然相信人与人之间的感情，选择帮助别人，那就要将这件事做好。帮助别人不但要帮到底，帮助别人也要帮得好、帮得对。

在我们的生活中，每个人都需要他人的帮助，将心比心，我们需要的究竟是什么样的帮助？首先我们不需要那种全权代办式的帮助，这种与溺爱无异的关心会让我们无法亲力亲为，无法提高克服困难的能力，让我们只能依靠别人；我们也不需要那种带有附加条件的帮助，或者说，我们能够接受利益交换，但不能忍受有人以"帮助"之名，为的是索取回报；我们更不需要那种说着帮助，在一边袖手旁观的朋友；还有一种帮助让我们头疼，就是有些人不了解情况，好心办错事。总结了这么多，你应该知道如何帮助他人：不越俎代庖，不索取回报，不隔靴搔痒，更不要拖人后腿，这就是真正的帮助。

·007·
为他人的幸福，做力所能及的事

一个贫穷的山寺缺衣少食，僧侣们过着苦修的生活，就连他们用来去山下挑水的木桶都是残缺的，每次挑一桶水会漏掉小半桶。这一天，木桶对老方丈说："我真不明白，你们一个个面黄肌瘦，就像我一样，明明已经坏了，还要辛苦地工作。"

老方丈说："难道你认为自己很没用吗？"

"当然，我每天盛水有半桶洒在道上，你说我有用吗？"

"那么你有没有发现，在你经过的地方，花草长得特别好？就是因为你是漏的，才滋润了它们。"方丈说，"我们也一样，我们生活得不好，却给来这里的山民们讲佛法，解释他们心中的疑问，这就是对他们莫大的帮助。"

听了方丈的话，木桶若有所思。第二天，木桶仔细观察自己经过的路，果然一路繁花，春意盎然。

也许是现代社会的快节奏使我们无暇与更多人接触，也许是生活的高速运转让我们不能停下来看看别人，我们经常听到人们感叹人情冷漠，人与人的距离越来越远，在大城市再也找不到那种邻里之间把酒闲话的场面。或者可以说，像故事中的老方丈那样懂得给予的人越来越少，更多时候，人们关注的是自己以及自己的利益。

一个自私的人无法体会真正的感情，与其感叹人情味越来越淡薄，不如看看自己都做了什么。你愿不愿意常常关心他人的心情和需要？愿不愿意为公益奉献一分力量？愿不愿意听人倾诉、给人帮助？愿不愿意在心情不佳的时候克制自己的脾气，为的是不影响到别人？给予有很多种方式，为他人着想是它的内核，懂得给予的人才能懂得真情。

送人光明，手中留光。给予让人越发明白感情的珍贵，当你帮助别人时，你听到的是感恩的话语；当你安慰别人时，你看到了止住泪水的眼睛；当你关心别人时，你感受到对方内心散发的幸福……给予他人，你能够得到的并不是利益，而是他人的一张笑脸，但这张笑脸却能给你真正的发自内心的满足。

一个吝啬的富翁总觉得生活中少了点什么，他的妻子经常劝他："金满筐，银满筐，到头不过一土筐。你有这么多钱，不如接济邻里，行善积德。"富翁总不把妻子的话当一回事。

这一天，富翁又在闷闷不乐，妻子对她说："你不如站在窗户旁看一看外面。"富翁说："外面有很多人，挺有意思。"妻子说："你再站在镜子前看一看。"富翁说："只有我自己。"妻子说："人的心就像玻璃，本来是内外通透的，一旦你涂上一层水银，就只能看到自己。"

富翁思索了几天，终于想开了。从此他按照妻子说的，常常把家里的粮食、钱财送给有困难的人。久而久之，他的名声越来越好，喜欢他的人越来越多，他也渐渐享受到内心的安乐。

生活中有很多不能缺少的东西，衣食住行不可缺少，亲友家人不可缺少，快乐的心情同样不可缺少。富翁的妻子劝他积德行善，就是让他不要只看着自己，要与他人多多分享，他得到的不只是一份好名声，还有越来越开阔的心境和越来越平和的性格。

快乐来自分享而不是占有，情谊来自给予而不是吝啬。懂得给予的人负担会越来越少，心灵上的拥有则会越来越多。他们得到的不仅仅是旁人的感激，还有帮助他人之后的充实感，这种充实能让一个人由内到外欣赏自己。因为善良，因为给予，因为对他人的关怀，使你的整个生命提高到一个新的层次，不是为小我，而是成就大我，你的人生自然焕发别样的光彩。

禅者慈悲大度，重视人与人之间珍贵的情谊，他们喜欢把美好的事物与人分享，让每一个人切实地感受到快乐，即使自己一无所有，他们也觉得自己是幸福的。名利迷人眼，难得的是这一份情怀，让心灵始终浸润着清风明月，永不失落。

第八章
惊喜与惊吓都是生活的馈赠

陈伯崖说：事能知足心常惬，人到无求品自高。人们常常觉得生活给予的不过是紧张与烦躁，悲哀与苦闷，于是人虽不老，心态已然垂老，没有半分热情。

慈悲的人懂得知足常乐，既愿意品尝甘甜，也愿意承担苦涩，因为这都是生活的馈赠。唯有明白自己所拥有的，珍惜自己所拥有的，才能真正明白何谓年轻，何谓快乐。

·001·
知足，才能发现生活对自己的厚爱

养老院有个年近百岁的老人，无儿无女，靠着退休金在养老院生活。养老院里的老人大多病病恹恹，闷闷不乐。这位老人却精神矍铄，看上去无忧无虑。

有人问他："我听说你只是个普通职员，没什么成就。身后没有儿女，也没人孝顺你，你为什么还能这么乐呵？"

老人回答:"各人有各人的追求,我是个没什么特长也没什么野心的人。年轻的时候,我无拘无束,该吃吃,该玩玩,身体强健,性格乐观;成年后我不与人争夺,凡事想得开,心境一直不错;年老了,我没有妻子儿女,无牵无挂,还有这么长的寿命,我怎么会不快乐?"

提到养老院,人们首先想到的是同情。人老了本该在儿女身边颐养天年,有些人却因为无儿无女、儿女太忙或者儿女不孝,不得不住进养老院。想到自己奋斗辛苦一辈子,最后只能坐在养老院的椅子上,看着四面院墙和一群与自己同样白发苍苍的老人,心中的滋味自然不会好受。也有极少数的人看上去怡然自在,就像故事中的那位老人。

一位无牵无挂、在养老院里悠然自得的老人,看上去更像一个禅者。禅者欲求少,年轻的时候享受年轻的乐趣,年老了享受年老的轻松,不汲汲于名利,也不灰心丧气,顺其自然地过着自己的日子,似乎生命的每一个阶段都能让他欣慰,给他力量,这样的人生状态让人羡慕不已。其实有这种状态并不难,只要你懂得知足。

知足者惜福,我们常常忘记任何事其实都有"福"的一面,即使是灾祸,也藏着转危为安的机遇;遇到顺境,更值得我们感激。如果贪心不足,整天对现状唉声叹气,认为自己不幸,生活就真的在你灰暗的眼光中变得不幸起来。以不知足的眼光,小事遇到挫折是倒霉,大事遇到挫折是命运,人生下来是为了受苦,再多的成绩也不能让自己开心一笑,这样的人生当然就没有幸福可言,因为你根本没有珍惜。

邓肯与苏珊结婚十年,虽然没有子女,日子却美满幸福。有一天,不幸的事情发生了,苏珊被车祸夺去了双腿,从此愁眉不展。

为了能让苏珊开心,邓肯想了很多办法。但是,不论是带苏珊外出旅行,还是陪苏珊在家里解闷,苏珊仍然不开心。邓肯请教了很多朋友,终于有了一个办法。

这一天，邓肯将苏珊推进一家小书店，里面有一架架的书，还有煮咖啡和做点心的吧台，七八套喝茶看书的桌椅。邓肯说："在家里闷着也是闷着，不如你开一个小书吧。我已经雇了人进货和打扫店铺，你每天只要负责做点心、煮咖啡、照看客人。"

有了这个小书吧，苏珊像是重新找回了生命的意义。她每天很积极地研究如何烤制美味精致的点心、煮香浓的咖啡，也会留意该进一些什么书到店里。邓肯的一些朋友来过店里，对邓肯说："我为你粗略算了一笔账，你们开这个书吧，每个月都不会赚太多钱。"

"赚钱并不是最重要的，重要的是满足了她的内心需求，只要她每天快乐，就比什么都好。"邓肯这样回答朋友。

有时候，我们会觉得命运十分苛刻，生老病死，顺境少，逆境多，想要的东西常常得不到，幸福的感觉也总是不长久，更有突如其来的厄运让人饱受折磨。就像故事中的苏珊，原本安乐的女人突然失去双腿，再也不能行走，就算坚强地接受了现状，生活何来快乐？苏珊的答案是积极努力，寻找自己人生的意义，满足自己的内心。

人们内心究竟需要什么？在纷纷扰扰的日常生活中，我们也许察觉不到。大病之后的人、大灾之后的生还者却能很清楚地告诉你：活着，尽可能让自己快乐，这就是我们最需要的东西。这个答案与名利无关，与他人无关，只和我们的内心相连。内心是光明的，有困难便可以战胜；内心是阴冷的，处处了无生机。所以，我们希望自己有一颗平静的禅者之心。

修禅的人最懂知足，知足是一种"无求"的状态，"无求"就是满足于现状。知足的心如一潭平静的池水，不一定清澈，却有丰富的内涵。世间最难的事就是知足，因为不知足才有了许多烦恼，一旦你学会满足现状，就会很自然地发现万事皆有乐趣。即使是在困境之中，懂得知足的人也会为超越自我而欣喜。

知足的人不易衰老，不易因困境而委顿，他们的内心深处有灵泉汨汨，喷涌着智慧与生机。这智慧来自对世情的体察，这生机来自对他人的感恩，自然不会随时日变化，他们的内心永远纯净、年轻。禅心知定，能够保持自己的清净，不被世俗所扰；禅心也知足，能够无愧于心，知足常乐。

·002·
看得开的人，便是富有的人

据说，神灵创造世界的时候，想要把快乐作为礼物送给世人，可是神灵认为快乐不应该轻易得到，否则人们就不会珍惜，于是决定将快乐藏在一个地方。

神灵首先想到的是高山，如果把快乐藏在高山上，是不是很不容易被得到？很快，神灵否定了自己的想法，因为高山显而易见，每个人都知道。

神灵又想把快乐藏在海里，但是人们一定能够造出舟楫得到；于是神灵又想把快乐埋在土里，但很快他又否定了自己，因为只要挖掘，所有人都能找到。

最后，神灵发现一个最容易被人忽略的地方，这就是人的心灵。只有将快乐放在人的心里，才最不易被人发觉，因为所有人都想不到，快乐就在自己身上。

每个人都希望自己快乐，谁不想每天展露笑脸，常常有幸福的感觉？

人们殚精竭虑所追求的，不过是成功那一刻的舒心与喜悦，但快乐难得，而且来去匆匆，我们总是想着有没有一个地方埋藏着快乐的秘密，让我们从此不必烦恼。其实，快乐的秘密在每个人心中。

快乐是真正的财富，一个人即使家财万贯，官运亨通，如果他不能让自己开心，生活对他就是一种折磨，这样的人并不富有；相反，那些即使贫穷，却享受着家庭的幸福、拼搏的快感、突破自我的喜悦的人，才是真正的富翁。前者的人生已经停止，后者的人生却日益扩大，他们有广阔的心灵，一生都不会贫瘠。

修禅者最重视心灵的宝藏，心灵应是宁静的，也应该是生气勃勃的，有不间断的神思与活力，生长着快乐的种子。其实只要善于发掘，我们每个人都能发现很多快乐的种子，有些人有出众的才貌，有些人有良好的品性，有些人有积极的爱好，有些人有执着的事业……所有这些都能让你的心灵茁壮。

一只山鸡正在山里唱歌，有只凤凰飞了过来，山鸡说："凤凰！停下来歇一歇，给我讲讲扶桑国的事吧！我听说你住在那里！"

凤凰落了下来，说："扶桑国在东海边，那是一个美丽富庶的国家，也是鸟类的天堂。那里有最好的土地、最温柔的风、最美味的食物、最清澈的泉水，你要是愿意，就和我一起去那里吧。"

"不，"山鸡说，"我只要听一听那里的事，长一点见闻就可以了。"

"难道你不愿意去扶桑国，而要一辈子在这个穷山沟里吗？"凤凰不解他问。

"我年轻的时候，曾经去过扶桑国。"山鸡说，"我一路跋涉，去到了那个地方，却发现那里并不适合我，并没有我想要的生活。于是我回到了这里，这里虽然偏僻，却有我的幸福。我请你下来问问扶桑国，只是想知道那里的近况。"

每个人都有自己的追求，但追求不是生命的全部。你的追求未必是他人的追求，你的快乐更不是他人的快乐。子非鱼，焉知鱼之乐？不必像故事中的凤凰那样对他人提意见。你要做的是寻找属于你的那一份快乐，你的心觉得好，才是真的好。

有些人因求之不得而忧郁，他们大多羡慕别人的生活，常常容易否定自我。他们理想的生活常常与物质紧紧相连，在他们看来没有好的物质基础，一切便是枉然。世界上究竟有多少人能成为大富翁？又有多少富翁真的懂得快乐？在能力允许的范围内，财富能给我们带来好的生存条件；如果能力不允许，你不能得到想要的财富，生命便没有快乐吗？

修禅的人首先要做一个快乐的人，快乐的人不会去强求，也不会将外物看得比心灵上的享受更重要。快乐不是随心所欲，只是不勉强自己做那些根本做不到的事，获取那些本不属于自己的东西。凡事有缘定，看得开的人就是富有的人，看不开的人只能守着自己狭窄的心灵，不断追问快乐究竟在哪里，而快乐正从他身边无奈地经过。

· 003 ·

与自己的不完美和解

一位得道的禅师预感自己即将圆寂，他想把衣钵传给最优秀的弟子，于是对弟子们说："现在是夏天，树林里的树木长得茂盛，你们谁能找到最完美的一片绿叶，谁就能继承我的衣钵。"

徒弟们走进树林，各自去寻找完美的叶子。可是每片叶子都不一样，各有各的形态美。他们逐一比较，看得眼花缭乱，也无法选出最完美的，最后无功而返，对师父说："师父，世界上有那么多叶子，怎么可能有最完美的一片？请您不要为难我们了。"

这时，一位徒弟回来了，他举着手中的叶片说："师父，我找到了最完美的一片！"

其他徒弟看那叶子，原来只是极普通的一片。他们开始挑剔这片叶子的毛病，那个徒弟却坚持说："在我看来，这就是最完美的一片！"

禅师会心地一笑，宣布将自己的衣钵传给这位弟子。

在有智慧的禅师看来，一件事物的价值应由心灵决定，自己认为最满意的一片叶子，什么也替代不了。同理，对自己满意的人就是最完美的人。这种满意并非自恋，而是不论有优点还是有缺点，自己都能够客观地接受自己，欣赏自己的好处，努力克服不足。这种状态就是心灵的理想状态，这样的人幸福指数也最高。

对自己的满意程度，代表了心灵的健全程度。一个人是否成熟表现在他对抗挫折的能力上、对待生活的态度上。如果一个人对待挫折总是畏畏缩缩，不敢迈步；对待生活始终牢骚满腹，没有欢喜，这个人既缺乏生存的能力，也缺乏感受幸福的能力。

想要对生活满足，首先要对自己满意。不要难为自己，要相信我们每个人都是这个世界上独一无二的个体，没有人能代替。我们的能力也许不够理想，但好在每天都有进步，好在我们有美丽的梦想，并有实现它的决心，这样的自己值得骄傲。

一条龙遇到了一只青蛙，它们相互吹嘘着自己的生活。

龙说："我住的地方是广阔的东海，我每天在那里畅快地冲浪，东海的浪涛能有几十米高，波澜壮阔，气象万千！"

青蛙说："我的住处是一个池塘，那里清幽宁静，冬天有雪，夏天有莲花，非常适合修身养性！"

龙说："我每天能在白云上行走，还能降下大雨，我每天都很威风。"

青蛙说："我每天都在池塘里唱歌，还能在陆地上跳舞，我每天都非常快乐。"

龙和青蛙的对话还在继续，一位禅师听到后说："龙的生活固然自在，但这只青蛙却更有禅心，他不卑不亢，能对自己满意，就是最大的智者。"

这是一条龙与一只青蛙的对话，读完之后，我们羡慕的不是那只每天行云布雨、威风八面的龙，却是那只守着一方池塘，每天不是唱歌就是跳舞的青蛙。那种悠然的心态让人向往，以这样的心态生活，定会每一天都有笑容，每一刻都是惬意满足。

对自己满意是自信的表现，不但对自身的素质自信，也对生活的现状自信。日常生活中有理不完的琐事，如果没有一个自信轻松的状态，很容易烦恼缠身，还谈什么悠然自得？自信的人面对烦恼总是表现得成熟而且稳重，他们不把小烦恼当一回事，对于大烦恼则会立刻制订删除计划。因为有自信，任何时候他们都能从容。

修禅的人因为内心清净空明，对自己能够有正确的认识，但他们也会对自己有所不满，希望自己更加完美。其实事物都是相对的，完美是这样，修禅更是如此。不必强求什么，强求就失了本来的韵味；也不必规定什么，规定就失了自在的心态。用最轻松自然的方式审视自我，发掘自己，就会发现每个人都是一片值得欣赏的叶子，因为独特，所以完美。

·004·
当下，值得真正的拥有

一个渔夫在海里捕鱼，几天没有收获，终于在回航的时候用网捕到了一条小鱼。网里的小鱼苦苦哀求渔夫说："我的年纪还小，还没有长成大鱼，还有很多想要去经历的事。如果你愿意放了我，等再过几年，等我长成大鱼，我一定会主动来找你，到时候任你处置。"

渔夫说："我也有几天没有吃东西，如果我不能及时得到食物，几年后，我已经成了一堆白骨，你又去哪里找我呢？人不会为了没有希望的机会抛弃现在的利益。"说着，农夫收了网，将小鱼捞了上来。

天真的小鱼希望渔夫给它几年自由的时间，却忘记聪明人都知道"当下"的重要，比起空头支票，眼前的利益才最需要把握，没有眼前，何来未来？人们追求的都是实实在在的东西，虚无缥缈只适合那些空想主义者，而且所有人都知道，空想主义者最不济事。

人们看重当下，因为昨日已经过去，无法追回，过往的欢乐泪水都已经成为回忆，可以珍惜，但不必迷恋；明日还未到来，即使有雄心壮志也尚在孕育之中，还没能被我们掌握。我们能够得到的只有今天，能够改变的只有当下，能够争取的也只有眼前的每一分每一秒。

没有当下就是轻视过去。当下的美好能抹平过去的伤口，当下的努力能将过去的辉煌延续，不论过去是喜是悲，重视当下是对过去最好的交代。没有当下就没有未来。如果没有今日的积累，就没有明日的成就，没有今日的忍耐，就没有明日的壮大……一个人只有把握住当下的时光，才能算是把握了自己的人生。

很久很久以前，在一片田野上，有两条小河流。它们灌溉着东西两边的土地，使那里的人们安居乐业，安定地生活。人们很尊敬它们，将两条小河称为"母亲河"。

日子久了，一条小河开始不满足目前的生活，它说："我们的生活真没意思，每天都在这偏僻的村庄，不知道外面的世界究竟是什么样子，难道你不想出去看看吗？"

另一条小河说："做什么事都不能好高骛远，我们现在不是滋润着一方土地，养活着一方百姓，这不是最好的生活吗？你为什么非要出去？"可惜它的劝告没什么效果，那条小河义无反顾地冲向远方，再也看不到它了。

很多年后，留在原地的小河听到了出走小河的消息，它进了沙漠，终于干涸。因为它的离开，东边的土地不再肥沃，人们只好迁到西边，并拓宽了河道，让小河更加宽阔。西边的小河叹息道："有追求是好事，但是，做好眼前的事不是更重要吗？每天看着劳作的男人、织布做饭的女人，还有那些快乐的孩子，不就是最好的事？"

"当下"不仅仅是个时间概念，它还代表了一种生活状态，包括你的心态、你所处的环境、你身边的人以及他们对你的态度，所有这些因素加起来就是完整的"当下"。"当下"常常不能让人满意，亟待改变，但有些人不以当下为基础，变得更好，而是好高骛远，就像那条最后冲进沙漠的小河，不能好好把握当下，就会损失未来。

什么是真正地拥有？镜中花、水中月虽然美好，却不能握在手中，只能给你一时的视觉刺激，很快就会消失无踪。世间很多事都如镜花水月，你如果过于留恋这种虚幻的假象，就会浪费最珍贵也最实际的"当下"，一旦"当下"成为过去，你会发现自己两手空空。

心系当下，由此安详。修禅者之所以被人称为智者，是因为他们能够看透什么是真正的"当下"。那些虚幻的事物并不能当作寄托，"当下"是实实在在的境遇与勤勤恳恳的努力。接受"当下"也许不困难，把握"当下"却要有强大的意志力，"当下"不能用来沉湎，而是应该奋斗。"当下"是一种"因"，你想要什么样的"果"，就必须握住现在的时光，努力耕耘，期待收获。

· 005 ·

百般滋味才称得上人生

　　弘一法师俗名李叔同，我们经常听到的《送别》这首歌就是根据他的词谱曲的，当人们唱着"长亭外，古道边，芳草碧连天"为朋友送别时，李叔同为潜心钻研佛学，已然出家为僧。

　　从此世间便有了许多关于弘一法师的故事。据说有一次，弘一法师因故在某地暂时停留，有朋友去看他，见他正在吃一盘咸菜，没有任何其他饭菜。朋友说："你只吃这一盘咸菜，不吃其他饭菜吗？"弘一法师答："咸有咸的味道。"

　　第二天，朋友又去看望他，见他正有滋有味地喝一壶白开水，说："你难道不泡茶叶吗？"弘一法师答："淡有淡的味道。"朋友反复思量这两句话，觉得深有禅意。

　　长亭外，古道边，天之涯，地之角，人生百味，人生百态，有太多东西值得我们去体会。就像一桌精心烹饪的酒席，你如果只吃其中一道菜，未免辜负了厨师的苦心准备。如果想要尝遍所有菜肴，自然就会有爱吃的，不爱吃的，味道好的与味道不好的。

　　味道是主观的，你觉得好自然是好，你觉得不好的，别人也有可能当作珍馐。唯有知道"咸有咸的味道，淡有淡的味道"才算行家，因为它的判断标准已经超越了个人的喜好，视角更加客观，视野更加广阔。这样的人，更懂得如何品味人生。

人生的味道需要细细品，你没办法说哪种味道更好。人们想要避开苦味，但苦味能够让神志清醒；人们喜欢沉浸在甜味中，甜味却会让人麻痹在现状中，忘记居安思危。就像人吃饭，五谷杂粮都要有才算健康，五味俱全才能保持心智的平衡。不要刻意去追求某种味道，你需要多多尝试、多多体验，尝遍诸般味道才算真正的人生。

将军的战马陪伴将军驰骋沙场，立下赫赫战功。年老后，它被卖给一个农夫，每天帮农夫推磨。每天晚上，战马想起它在沙场上驰骋的日子，不禁老泪纵横，它多么希望回到年轻的时候，依然是那匹受人尊敬的战马。

农夫听到它的哭声，关心地询问："你怎么哭了？有什么难受的事？"

"我是一匹优秀的战马，现在却只能像驴一样推磨，我想到这件事就难受。"战马说。

农夫拍拍马的头说："我理解你的心情。其实，我以前是一个英勇的士兵，立下过不少功勋。退伍后，我在这里当一个普通的农夫。可是我没觉得现在的生活有什么不好，比起打打杀杀，现在的生活虽然一样累，但好在悠闲，神经每天都是放松的，这种生活不也很好吗？"

老骥伏枥，志在千里，故事中的老马仍然希望驰骋沙场，退役的将军告诉它，每种生活都有它令人难忘、让人激动的地方，所以不要只想着过一种生活，应该习惯各种生活。忙碌的时候就享受奋斗的充实，能够休息的时候就享受身心的放松，这样的人生最丰富，也最自然。

人们很怕尝惯了的味道出现转变，因为心理会出现极大的落差。这个时候就要调整心态，尽量习惯新的味道。同样是苦味，盐水和茶香滋味完全不同，就看你愿意将眼前的生活看作是一汪泪水，还是一杯苦过之后会散发清香的茶水。

修禅之人也有高下之分，那些深山独院，隐居避世的，往往成就不高；那些大隐隐于市，尝遍人生诸般坎坷的，才能达到真正的禅境。因为一颗心想要丰富，就需要各种味道，从中获得更多的人生经验，提炼各种智慧。为什么那些修为极高的人遇到什么事都能泰然处之？因为他们已经习惯品尝生活的各种滋味，不再惊恐也不再强求，禅心所向，自然就好。

· 006 ·

快乐大多来自生活中的小事

一个贫穷的乡村教员今年已经 63 岁了，他一辈子过着清贫的生活，没有结婚；到退休时也只是个普通教师，没有职称。但他看起来乐观开朗，有人好奇地问他："你活在世上一辈子，却什么也没有得到，你为什么还能这么高兴？"

教员说："你生过病吗？比如，重感冒。"询问的人点头，教员说："卧病在床的时候，喉咙发炎，你才能察觉平日的喉咙有多舒服；高烧烧得头疼，你会怀念平日脑子清醒；躺在床上什么也不能做，就会知道即使没有得到什么，像普通人一样生活，也好过生病。"

生过病的人会格外珍惜健康，经过大起大落的人会格外珍惜生活。一份普通生活是美好的，能够用工作证明自己的才华，靠学习提高自己的能力，感受与人交往时的点滴情谊，这是普通的生活，也是每个人能够拥有的最好的生活。只是人们往往觉得它单调，缺少戏剧性，总是期待着电影小说里的那些"奇遇"会降临到自己身上；或者羡慕别人那看来无比光鲜的日子，认为那才叫真正的生活，那样才会有真正的快乐。

不要以为快乐是生活以外的东西，快乐的确来自心灵，笑脸不代表快乐，只有心中的充实快慰才能叫作快乐，但哪一种快乐能脱离生活呢？我们快乐，是因为在生活中遇到了让我们开怀的人或物，也许是读到了一本感动的书，也许是听到了一首美妙的歌，也许是和亲密的友人闲聊了一个下午。心中的感觉全都是来自外界，快乐由外界给予，由我们自己决定，但它终究依附于生活。试想有一天你孑然一人，你什么也看不到、摸不到，还能快乐吗？

不只是快乐如此，我们能够拥有的每一件事物、每一份感悟也都与生活息息相关。我们参与其中，有时是主动者，接受了生活并改变着生活，不对生活的磨难屈服，实现自己的愿望，得到生活的回报；有时却是被动者，诅咒着生活并被生活改变，由意气风发变得庸碌无为——同样的生活，不同的人生，只看你如何选择如何行动。

欧根教授是牛津大学有名的学者。一次，他的学生问他："老师，我今年22岁，仍然说不清什么是快乐，也许你的阅历能够给我指点迷津。"

欧根教授说："我今年44岁，比你大了一倍，我也是刚刚知道这个问题的答案，它来自我的11岁的女儿。"

"11岁？您的女儿是个天才吗？"学生惊叹。

欧根教授回答："她不是天才，她只是个普通的小学生。前几天，我看到她写的一篇日记，她写了自己快乐的一天：上午和小伙伴在公园野餐，下午给爸爸妈妈烤了一个蛋糕，晚上得到了叔叔送她的一本书。你看，我们一直寻找快乐，小学生却很轻松地找到了答案。"

了解快乐的人并不一定是饱经沧桑的智者，这样的人有时倒显得郁郁寡欢。有时候小孩子更明白快乐的真谛究竟是什么。小孩子的生活天真而简单，他们能够为一次野餐、一块蛋糕、一本书而开怀，这些生活上的小事，在大人看了不值一提，却成了小孩子们的快乐。

想要快乐，就要学学小孩子的那种心态，小孩子野餐的时候，不会想这一餐花了多少钱，收拾起来会不会麻烦，下一次野餐不知在什么时候；小孩子吃蛋糕的时候，会满足地沉浸在香甜的滋味中，不会担心摄入了多少卡路里，也不会在乎吃蛋糕的地方是不是精美的咖啡厅；小孩子得到礼物的时候，不会在意礼物的价格，不会想着什么时候需要回礼……一个人只有做到专心致志地享受生活，才能有一颗不老而快乐的心。

在生活中，我们希望自己有更高的悟性，特别是那些快乐的感悟，如果能常常放置在心灵中，就能让我们有一份不老的心态。不过，要记住切不可远离生活，因为所有的感悟都来自于生活，那些快乐的事更需要你从也许并不如意的生活中一点一滴地摄取。只有那些善于从平凡中发现闪光点，并把这些闪光点聚集在心中的人，才是真正内心光明的禅者，也是看穿俗世纷扰的快乐之人。

·007·

身与心不能被欲望绑架

一个商人赚了很多钱,却总是不知满足,他向一位禅师求教说:"我也知道不该如此贪心。可是,赚钱的机会总是跑到我眼前,我如何不伸手去拿?这也不能都怪我,只怪造化。"

禅师说:"且听我给你讲个故事。古时有个旅人,在沙漠里走了几天几夜,十分口渴,这时看到一处清泉,他连忙跳进泉水之中,张开嘴喝那泉水。喝着喝着,他已不再干渴,他对那泉水说:'我已经喝够了。'但泉水依然流入他口中,他急得大叫:'够了!够了!'施主,你认为这个人如何?"

商人说:"这个人太可笑了,他只要离开泉水,不再去喝就行了,怎么能让泉水停下?"

禅师说:"没错,只要自己离开即可,自己的行为,又何必责怪泉水、怪罪造化呢?"

每个人都会检讨自己,但这检讨有真有假,有些人口头说说,有些人却是从心底认为自己的行为出现偏差。故事里的商人就是个做口头检讨的人,名为求教,心里却未必把贪心当成一回事,还隐约为自己能赚到很多的钱得意。对这种有了成绩就归于自己的努力,有了失误就推给他人的人,禅师很直接地告诉他:"不要找理由,你不是不能,而是不愿。"

就如禅师所说，修禅之人不能远离生活，却要远离欲望。欲望是知足的大敌，它让我们得到的一切都失去应有的色彩，因为贪婪的心会不断挑三拣四，告诉自己这个不够好。这样一来，人们无法知足，他们整天不满这个不满那个，总想着换一个更好的。生活中的一切都并非无缘无故，说起"换"谈何容易？而欲望却促使人们不停更换，不断追逐，人们往往刚刚扔掉旧的东西，立刻又要扔新的东西，眼睛还要盯着更新的东西，疲于奔命。

欲望加速人的衰老。这样的人生就像负重的旅行，每走一段路，重量就要增加一些。初时觉得这些重量让生命不再那么轻飘，不知不觉间，它越来越重。糟糕的是，人的负重能力也在不断增加，我们无法及时察觉负担重了，直到它即将把我们压垮，我们才终于听到心灵奄奄一息的声音，才想到应该让它喘口气。

汉斯是个成功的企业家，拥有一家大公司，他每一天都在为扩大自己的事业而奔波。有一天，他累倒在机场，被秘书送进了医院。

诊断结果，汉斯患上了严重的胃溃疡，他的体重急剧下降。在这种情况下，汉斯仍然坚持在病床上工作，秘书每天拿来大量的文件，都需要汉斯思考，决策。医生严肃地与汉斯谈话，警告汉斯不要继续操劳，否则会有严重后果。

汉斯说："可是，医生，我不能停下来。我的公司还在发展期，如果我不管，它就会原地踏步，甚至被别的公司吞并。我不想看到这种事发生。"

"如果你再不收敛，不用多久，就会一命呜呼，你的事业就会由别人接手，这就是你想看到的？"医生说，"你听我的话，试着让自己轻松一下，不会影响你的事业。"

汉斯没办法，只好把公司暂时交给几个亲信，自己去国外疗养了半年。半年后，汉斯的健康状况得到极大好转，更重要的是，他的心态发生了转变。在每日与湖光山色为伴的过程中，他明白了生命中还有太多需要享受的东西，赚钱不是最重要的事。回到公司后，汉斯注意劳逸结合，没想到的是，在他一张一弛的工作方式下，他的生意竟然更好了。

有些东西需要收敛，有些东西需要放松。舍弃那些不必要的欲望，才能换回相对轻松的生活。就像故事中的汉斯老板，重病一场他才明白劳逸结合的重要。或者说，他不是不明白自己需要休息，而是从前太不知足，总是想着赚取更多的金钱。为了金钱宁可放弃健康、放弃生活，这无疑是一种糟糕的选择，如果内心不知满足，人们永远会作出这种选择。

曾有一位名人说："如果你一直不满足，即使得到整个世界，你依然是不幸的人。"不能舍弃欲望的人就不能知足——这里的"欲望"指的是那些过度的，不切实际的念头，并非人们正常生活必需的那些愿望。不知足的人内心永远不完整，他们总是觉得心里空空的急需填补，但填了多少东西进去依然觉得空。他们不知道心灵的空虚只能用心灵上的享受填补，加进更多的欲望，只会让心灵如黑洞般越来越大，越来越黑暗。

"知足"并不是一种消极的生活态度，就算是修禅者，也并不倡导人应毫无欲望，更不赞同做人不思进取。"知足"只是我们对待生活的一种方式，比起那些轻视生活与挥霍生活的人，知足者更懂得拥有的可贵。他们的欲望不多不少，恰恰满足生活的要求、事业的要求、心灵的要求，自然比别人更加轻松愉快。

·008·
慢下来，感受生活的风景

有一个木制车轮被人砍下一个角，它从此成了废物，再也不能使用了。车轮很伤心，它决定找一块合适的木块填补自己，使自己重新变得完整、有用处，于是它开始长途跋涉。

它走得很慢，一路上，它看到了美丽的草原、鲜艳的花朵，还有各种各样的动物。累了，它就在柔软的草地上打盹，听着风和小鸟的歌声，觉得心中十分安宁。

终于有一天，它找到了合适的木片，又变成了一个车轮。再次被装到车上时，它发现自己只顾着向前滚动，再也看不到美丽的风景，再也听不到动人的歌声。它觉得很痛苦，原来残缺也有残缺的好处，一旦走得太快，就会错过很多东西。

常听人感慨世事难两全，但不能两全也许并不是一件坏事，残缺的部分有时能给人带来惊喜。就像故事中残缺的车轮想要变得完整，一番旅程后，它突然明白当一个人太过圆满、太过急切，就会错过很多重要的东西。生命的意义不是不停赶路，有时需要步调慢一点，眼光不要只盯着前方不放，才能更好地欣赏大千世界。

一个人如果能以欣赏的眼光看待周围的一切，即使他不富有、不特殊、不引人注意，却也会有一份他人比不上的充实心态。人生的富足不在于拥有和索取，而在于你的心灵发现了什么。凡事如果囫囵吞枣，就会没了滋味。人要想有一双发现的眼睛，就要学会放慢步调，仔细观察周围的事物，用心体会周遭的每一个细节。当你能够做到用心灵体会周围事物的每一个起伏，你便拥有了一颗禅心。

我们处在一个忙碌的时代，身心每一天都在高速运转，大街上终日都有匆匆忙忙的身影。人们为了生计奔波，在这样的情况下谈参禅，何其不易。但也正因如此，心灵才更需要禅来舒缓。我们的心就像一块柔软的布，被现实浸透挤压，皱皱巴巴，沾上各种泥浆，越来越硬。我们需要清风舒展它，需要细雨洗涤它。亲近自然，领悟禅意，就是心灵的清风细雨。

格林先生是个忙碌的英国人，每天都在为工作奔忙，连周六周日也不得休息。这一天，格林先生联系了一个位于偏远牧场的厂商，他自己开车去签合同。归途中，汽车抛锚，他打了电话给汽车公司，汽车公司的人向他道歉，说要半天以后才能来拖车。格林先生自认倒霉，给自己的妻子打了个电话，妻子说："既然晚上拖车才能来，这个时间你不妨下车散散步，看看景色。"

格林先生本想在天黑前回到公司交差，现在，他知道交差无望，索性下了车，走向田野。此时是秋天，金黄色的牧草蔓延在阳光下，有三三两两的牛羊在散步。眼前的美景让格林先生忘记了所有的郁闷。更让他奇怪的是，这样的景色他明明经常看到，为什么今天格外入眼？

格林先生一直逛到天黑。回家后，他对妻子说起今日的经历，妻子说："太忙碌的人就会忘记身边的风景。看来，我们应该经常去野外游玩，陶冶我们的身心。"

人们常觉得活得累，并不是因为生活本身就劳累，而是因为他们不肯停下来休息。故事里的格林先生因为一次意外的抛锚，才看到那些被他忽略已久的风景。如果一个人能常常提醒自己慢下来，就能多一些时光享受生活，欣赏这美丽的世界。慢一点并不是停滞，只是让脚步更加舒缓，让目光更加柔和，让心灵更加空旷。

万物都是美丽的，特别是置身自然之中，绿色的树木能够舒缓你的双眼，清新的花香能够拯救你被人工香料"荼毒"已久的胸膛，广阔的天地能让你舒展被格子间束缚的四肢……人类是自然的一部分，亲近自然的时候，你才能找回生命最初的宁静，你会明白自己的渺小，察觉自己的幸福，懂得什么是满足。

禅，就是一种回归到自然，体味生命本源的灵性。最简单的东西最能让人心情放松，也最有价值。多多体会简单的东西，那些能给你满足的事物就在你的身边：美丽的风景不应该只是一种摆设；心中的事业也不该是折磨人的重担；随着岁月增长的不是年龄，而是更多欢乐的机会，更加丰富的见闻，更为平和的心境。保持一颗禅心，记得生命最初的那份平和与透彻，不论顺境逆境，都能自得其乐，笑对人生。

下篇
智慧不起烦恼

  当一个人拥有智慧心，自然就能够知晓人生际遇的意义，自然就能够享受生活的乐趣。智慧是遭遇大事的沉着不惊，是面对复杂的临危不乱，是解决矛盾的灵活变通，是在孤独寂寞中的丰富思考……真正的智慧不仅在于头脑的聪明，而是对一切祸福的包容，智慧心让每个人懂得如何拥有更有价值的人生。

第一章
当事情变得疯狂，也不要惊慌失措

智慧的人是内心沉稳的人，他们内心清静。事有大小，心为常态才能不痴不妄，沉住气性，在烦琐之时钻研出学问，重大之时修炼出气度。

人生之静，并非使生活如一池死水，不起波澜，而是静心忍性，在磨难中提取智慧，达到自如的境界。

·001·
内心的沉静是一种强大

一次，庄子与一位君王谈话，正看到一只猴子在树林间跳跃。君王对庄子说："您瞧这只猴子身手灵活，在树林之中游玩，多么自在，多么开心。"

庄子看着那不断跳跃的猴子，笑着对君王说："这猴子现在虽然开心，但如果有一天，它误入荆棘丛中，就算有再灵活的身手，它也一筹莫展。"

有一位禅师曾说："人生在世如身处荆棘林。"这句话说得真好，形象贴切，让人感同身受。我们有时候也会觉得自己像庄子所说的猴子，在荆棘丛中，全身的本事无法施展。那位禅师又说："心不动则人不妄动，不动则不伤；如心动则人妄动，则伤其身、痛其骨，于是体会到世间诸般痛苦。"由此可见，每个人的生活都是苦难的历程，每个人都会受苦。

曾有哲人这样评价婴儿的啼哭："婴儿降生为什么会啼哭？因为他从此离开母体的呵护，独自一人在这世间漂泊，要忍受种种痛苦与煎熬，他怎么会不哭呢？"是的，从降生到成熟，没有人能够一帆风顺，成长的每一步都伴随着困境与伤痛，这些伤痛都会变为心灵的划痕，留下大大小小的伤疤。这种经历任谁也避免不了。

生活在都市中的现代人，特别是那些为生计奔波的人，更加理解"苦"的含义。沉重的工作，巨大的生存压力，复杂的人际关系，使他们的内心日渐疲乏，每一天都生活在焦虑与失望中。焦虑，是因为压力得不到合理疏解，思虑越来越重；失望，是因为理想与现实差距过大，对自己、对他人、对环境产生不满。

心病还需心药医，那么，究竟什么是心药？什么是最有效的疏解方式？这种方式不能依靠他人，因为他人不是你，永远只能按照他自己的思维方式帮你出主意，那主意也许好，却未必适合你；也不是环境，环境从不迁就任何人，只有人适应环境才能更好地生存。你需要领悟生存的智慧，在纷繁的人世，需要一颗安宁的心；静，则不伤。

从前有位禅师，他云游四方，最后回到出家的寺院。他每天都会坐在大殿里通宵打坐。

这一天，知事僧打开大殿的功德箱，突然大呼起来。原来，功德箱里少了一大笔钱。和尚们都说，昨夜并没有人进入大殿，一定是打坐的禅师偷走了这笔钱。

面对众人的指责，禅师并不解释，也拿不出那笔钱。大家认定他就是小偷，每天都对他投以鄙夷的目光，而禅师仍然心平气和，照常打坐，没有流露半点不满。

这样的日子过了半个月，出去办事的方丈回到寺院，听说这件事后连忙说："那笔钱是我拿走的，你们冤枉了禅师。"众人连忙去对禅师道歉，他们都说："在这样的怀疑下竟然能做到不慌张，以一颗平常心生活，这才是真正的修为和境界！"

当一个人被他人冤枉，最好的办法是什么？是拿出证据辩解。但事有凑巧，如果刚好拿不出证据呢？这个时候争辩毫无意义，最好的办法就是沉默。在别人不相信你的时候，任何解释都是徒劳。人正不怕影子歪，只要问心无愧，相信事情总有水落石出的那一天，旁人的猜测就不能损害你的内心。以淡定的态度对待是是非非，这就是"静者不伤"。

禅的要义是心静。沉默，正是心静的外在体现，因为心中没有妄念，没有不合时宜的冲动，自然不会草率行动。沉默者最初让人觉得木讷无趣，接触得久了，就会发现此类人往往有大智慧、大底蕴。他们不说，只因深知三思而后行的重要。在面临困境的时候，沉默的人能够容忍误解与困苦，他们并非逆来顺受，而是积蓄后劲，等待时机扭转局面。

有一首歌叫《沉默是金》，其中一句歌词说："是错永不对，真永是真。任你怎说，安守我本分。"安分守己的人知道沉默的可贵，特别是在喧哗的人群中，沉默的人自有一种气度，让人不敢小觑，不愿生疑。如果能够守住内心的坚持，不随波逐流，不人云亦云，凡事有自己的原则，久而久之，沉默就会令人信服，令人尊敬。不必在乎外界环境的苛刻，用静与默当作保护自我的盾牌，足可抵御外界的真真假假，保持内心的平和。

· 002 ·

说出口的话要比沉默更有价值

慧远禅师与无定禅师在一起品画。慧远禅师说:"画能够传达画师的心声,看一张画,就能够看出画画人的性格。"无定禅师说:"那你说说,哪一位画师最有禅心。这一张如何?"

那张画上画了春日田野,春光无限。慧远禅师说:"此人心内被春光所染,乃世俗之人。"

"那这一张如何呢?"无定禅师又指向另一张画,那张画上深山一座,古刹一方,幽深宁静。慧远禅师说:"此画有出世的冷僻,但太过凄清,乃避世之人。"

"那么,哪一张画的画者有禅心?"无定禅师问。慧远禅师指向一张画,画上风雨交加,乌云翻滚,雷电轰隆,而山崖间有一鸟巢,里边的母鸟护着小鸟,径自入睡。

"您说的没错!"无定禅师惊叹:"这是我国最有名的高僧所画!"

艺术作品往往最能反映一个人的格调。古人从一个人的墨迹中能够揣度出这个人的为人与禀性。画作同理,画家描绘的景致更能反映其心中所思所想。内心浪漫的人喜欢画明媚春光与花花草草,孤僻内敛之人喜欢画深山古寺,以标榜自己清幽雅致。一个内心平静的人却会画暴风雨之中的闲庭信步，以表达内心的安泰。

人生也难免要经历暴风雨，这风雨也许是一次失败，也许是突如其来的打击，也许是一场意外，也许是长久以来求之不得的失落，也许只是内心突然对现状不满和因此而来的不安稳心态。这个时候最能考验一个人的定性如何。是惊慌失措，还是坦然面对？有一句诗写出了一种大无畏的气魄："不管风吹浪打，胜似闲庭信步。""闲庭信步"，指的是在大风大浪之前要沉得住气，就如画中那只在暴风雨中安睡的母鸟，因为心中没有畏惧，何时何地都能入睡。

宁静是一种有容乃大的心态，就像最深的水潭表面上看起来是最静的，没有什么声音。它最不易因为外界的一点响动而翻腾不已，而且最有容量。倘若人的心胸能够像沉静的流水，自然能够容纳外界的一切声响，包括那随时都可能袭来的暴风雨。想要修炼自己的内心，就是要扩大它的容量，让它如一泓深水，能够包容越来越多的喜怒哀乐、悲欢离合。

中国古代的皇帝很重视人们对自己的评价，在他们生前，不但会建好自己的豪华陵墓，还会关心自己的碑文。皇帝们都希望碑文写满自己的丰功伟绩，供后世永远怀念。

在众多帝王中，只有武则天独树一帜。她嘱咐在她死后，不要在墓碑上撰写任何碑文，就留下一块无字碑给后人，让后人任意评说。

历朝历代，不少人对这块无字碑向往不已，人们认为比起连篇累牍的赞颂文字，这块无字碑才真正体现了女皇的心胸与远见。她没有说任何一句话，人们却对她念念不忘；没有写一个字，字却印在了后人的心上，这大概就是古人所说的"大音声希"。

她做了一件任何女人都做不到的事，她留了一块历代帝王都不敢留的碑，这就是中国唯一一位女皇帝武则天的一生。历代帝王都在意后人对自己的评价，希望在史册上有一个光辉形象，相信武则天也有这样的愿望。

但比起那些拼命为自己歌功颂德的人，武则天则更有智慧，她知道坏的就是坏的，不会因为几句好话就变好；好的就是好的，只要做得够多，黎民百姓自然记在心里，公允的史臣自有公正的评价。所以，她选择沉默，选择大智无言。

真正有价值的东西是稳健的、沉重的，就像人来人往的石桥，人们站在桥上的时候，往往忘记桥的存在，但提起某条河，人们首先想到的却是河上的桥，而不是桥上的人。所以，变动不拘的东西，远不如静止无言的东西来得长久。

沉默与宁静是一种力量，让人远离世俗的喧嚣，保持个性的独立与心性的完整。古语说："大音声希"，"大音"就是大道，真正的境界不需要声音，沉默的力量远胜于喧哗。最聪明的人不会炫耀自己的聪明，最成功的人是那些懂得默默努力的人。与其高声呼叫，提醒众人自己的存在，不如默默流淌，将自己的生命流淌成一条静静的长河，供人敬仰和评说。

·003·

将流言蜚语交给时间

有个禅师画艺极佳，是众所皆知的国手。可是他的人品却让人不大佩服，这位禅师每次为人作画，必要求画的人先付酬金，否则便不肯动笔。每当他出现在城里，大家就会说："那个吝啬的和尚又来了。"

禅师的朋友，城里的一位地主极力为禅师澄清说："他之所以索款，是因为他的师父生前曾许愿在山上造一座佛寺，他是为了帮师父还愿。"不管这个地主如何解释，人们更愿意相信禅师是个贪财之人。禅师也不辩解，照旧为人画画，画前索要酬劳。

一日，禅师为一位官员画了一幅游春图，画罢掷笔道："吾师心愿已了！"没多久，山里开始兴建一佛寺。从此以后，禅师画画只为自娱，再也不为钱财作画，人们这才相信地主的话。

不论现代还是古代，大众标准都是人们遵循的惯常标准，大众评价代表了主流看法。以我们的观点，一个人，倘若很多人都说他不错，他的品格应该很好；倘若多数人都说他不好，那么至少他在人品上存在一些问题——人们相信，群众的眼睛是雪亮的，一个人犯错，不可能所有人都犯错。

通常情况下，这种观点没有问题，但也有些时候，大众观点不一定是对的，因为大众的眼光也有误区，会误解一些事、一些人。再加上有人喜欢搬弄是非，有人喜欢闲言碎语，一件不存在的事实可能会流传甚广，这就是流言的来源。

没有人喜欢流言，但谁也避不开流言。面对流言，有些人不断解释，结果是在流言的火焰上加了一勺油，让火越烧越旺；还有人无法解释，只能自己揪心，终日为流言苦恼，觉得十分委屈。流言有时会变成心灵的毒瘤，有智慧的人需要小心处理，才能不被它伤害。

有个小和尚向无为禅师诉说烦恼：他为人聪明，很得师父欢心，于是师兄弟们经常议论他，说些闲话。无为禅师说："是你在说闲话。"

"他们居心不端，胡乱议论。"小和尚又说。

"现在是你居心不端，胡乱议论别人。"禅师说。

"他们经常盯着我，多管闲事。"

"是你盯着他们，多管闲事。"

小和尚生气地说："我这是在关心我自己，管我自己的事！"

无为禅师说："他们说闲话，就让他们说去，你好好念你的经，做你的事，为什么要管他们在做什么？这岂不是成了和他们一样？"小和尚听了，再也不理会师兄弟们的议论。后来，他成了寺里成就最高的僧人。

当一个人开始关心他人的闲话时，他很容易变成一个说闲话的人，想要不受流言困扰，只有远离流言。不要去理会传播流言的人，不要去计较别人有没有议论你，议论了什么。更不要为几句流言动气。内心有杂念，就会像故事中的小和尚，烦着别人，搅着自己，不得安宁；内心没有杂念，流言自然无处生根。

一个人如何才能做到心内没有杂念？心静。一杯水如果不停搅拌，即使是清水，也会变得混浊不堪；一杯混浊的水只要放在那里不去动它，慢慢地，杂质就会沉淀，水又变得透明澄清。一个人的内心也是如此，不停接触是非，只会越来越乱，不得清静；相反，那些愿意沉淀自我的人，即使对着流言蜚语，也能够做到不听不看。

人们常说："时间会证明一切。"时间能够让他人分辨出一个人的好坏，看出一件事的优劣，也能够让我们更加了解自己，认清自己的方向。心不静的时候，先让自己沉默，把一切交给时间。清者自清，浊者自浊，流言终有一天会平复，那时候，人们看到的只剩下你的形象、你的成就以及你面对闲言碎语时泰然自若的态度。

·004·

在危急的关头，静下来

成公贾是古时楚国的一位贤人，很关心国政。他看到楚国朝政混乱，登基已三年的楚王却不闻不问，不禁为国家担忧。这一天，成公贾决定当面劝谏楚王。

楚王客气地接待了成公贾，成公贾说："我是街上的闲人，近日听说这样一件事，想来问问大王明不明白。有人说他看到一只身披五色花纹的大鸟在楚地已经有三年，可是它从来没有叫过一声，不知是什么原因。"成公贾用了一个比喻，五色花纹的大鸟，是指楚王，不叫一声，是说他对内政外交毫不关心。

楚王说："看来，这一定不是一只凡鸟，它一动不动，是在积蓄自己的力量，等有一天一飞冲天，一鸣惊人，你何不拭目以待？"成公贾当即明白了楚王的意思。没多久，楚王羽翼丰满，对内任用贤良，铲除贪官污吏；对外征伐，打败楚国的敌人，果然"一鸣惊人"。

关心国政的贤臣向不理朝政的君王进谏，成公贾认为面对混乱的朝政，一个国君应该有所作为，正如面对困境的时候，一个人应该有所作为，"有所为"代表着一个人的能力和担当。一番谈话后，臣子发现君王并非无所为，他选择用一种有策略的方式来达到最佳效果。为了一鸣惊人，先要养精蓄锐，积累足够的实力，创造出充分的条件。

人生难免有困境出现，困境让人束手无策、寝食难安。有时也会消磨人的斗志，让人变得庸碌无为。每个人最初都是心怀梦想的跋涉者，有些人能成功，有些人以失败告终，并不是他们的能力有差别，而在于他们是否能够突破困境。一旦开始跋涉，就要有面对困境的心理准备，路途越长，困境越多，这就更需要有冷静的头脑。

想要解决一个大问题，需要长远的考虑、周密的部署。应对大事最好的办法是厚积薄发，在平日就要默默积累自己的力量，以备不时之需。谁也不知道自己会遇到什么样的情况，所以，雄厚的资本至关重要，不论这资本是学识、资金、人际关系，还是对自己能力的自信。时时刻刻磨炼自己的人，才有可能沉住气，应对重大事件。

哈里和皮特是一对好朋友，他们共同出海经商，赚来一箱金银珠宝，他们准备带着这箱珠宝回到家乡，过富足美满的生活。这一天夜里，哈里和皮特突然听到水手们在低声说话，原来这些水手心怀歹意，他们想要杀掉哈里和皮特，侵吞那箱珠宝。

哈里和皮特惊恐地看着对方，他们到底是老道的商人，立刻打定主意，哈里站起身对皮特大叫："你这个魔鬼！你这个贪心的人！我过去真是瞎了眼睛，竟然把你当成我的朋友！"皮特不甘示弱地说："你才是个魔鬼！你竟然想独吞珠宝！我就算把它们扔掉也不给你！"说着他抱起珠宝箱，将箱子从窗户扔进了大海。

当水手们冲进来时，看到哈里和皮特正在咒骂对方，水手们看到珠宝已被他们扔掉，只好悻悻离去。哈里和皮特平安到达港口，他们立即通知警察，将恶毒的水手抓了起来。

重大事件有两种，一种是困难摆在眼前，你缺少克服它的能力，只能默默积攒精力，寻找破绽，努力寻找突破口；还有一种是困难突然来到眼前，迅雷不及掩耳，你没有机会慢慢积攒力量，只能立刻拿出应对措施，唯有如此，才能在危急关头保护自己。

在危急关头，人们最需要的仍然是"静"，心态平静，头脑冷静，才能调动自己的全副聪明才智，以最快的速度想到解决的方法。就像故事中的哈里和皮特，他们知道惊慌没有用，果断地选择了舍财保命，断了匪徒的后路，留下自己的生路。

在任何时候，冷静都是成功者必须具备的一种素质。冷静，既能让自己在复杂的形势中占据一个清醒的视角，不致被蒙蔽；又能让脑筋不被突来事件打乱，无法做出思考。就像地震时候，恐慌的人在大叫，冷静的人立刻寻找安全地点。多一分冷静，就多一分安全保障。

临危不乱的人有大将之风，因为习惯筹谋，即使在短暂的时间里，脑子里也会习惯性地条分缕析，做出最正确的判断，制订最恰当的计划。这仍然得益于平日的深思熟虑。把深思作为一种习惯，凡事多想想、多看看，你收获的并不只是宁静的内心，还有生存的智慧。

·005·
成功拒绝太急切的心

古时候,有个青年拜后羿为师学习射箭。青年很刻苦,想要成为超越后羿的神射手。但年轻人难免急躁,他总是问后羿:"师傅,我射得如何?有没有进步?"后羿是位温和的长者,每次都鼓励他:"有进步,但是还要更加努力。"

青年人心急,有一天抓着后羿说:"师傅,你告诉我,要成为你这样的神射手,需要多少年?"后羿说:"十年!"

青年说:"十年太久了,如果我每天加倍苦练,需要多久?""八年。"

青年更急了:"师傅,如果我把吃饭睡觉的时间也拿来练箭,是不是五年就行了?"

"不,"后羿说,"那样的话你成不了神射手,因为没几天你就累死了。"

故事里的青年想成为与后羿一样名满天下的神射手,因为迫切地想要实现愿望,他开始急躁。但一步登天只存在于幻想之中,不切实际的渴望只能阻挡人们前进的步伐。轻微的不切实际也许没什么害处,还能成为一种激励;严重的不切实际就成了空想,甚至会危害自身,换来得不偿失的结局。

自古以来,成功是每个人的梦想,有些人只做梦不行动,希望天上掉馅饼，他们一辈子只能碌碌无为。还有人愿意为梦想付出时间、精力、汗水，只要能够达到目标，他们可以一直付出。也许就是因为付出太多，用心太深，才会迫切想要知道：如何以最快的方法达到目标，因此，人们产生了急功近利的念头。

有这样一个笑话，一个男人吃了五张饼不觉得饱，吃完第六张肚子饱了，于是就埋怨自己为什么要吃前五张饼。急功近利的人与这个男人相似，他们太过注意第六张饼的实效，从而忽视了前五张的重要，实际情况是：没有第六张，男人最多有点遗憾；只有第六张，男人的饥饿感只会越来越强。在现实生活中，第六张饼代表的往往是虚名，解决不了多少实际困难。

从前，一位君王向人学习驾车技巧，经过一段时间的训练，君王要求与自己的老师比赛，结果惨败。君王说："寡人敬重你的技能，拜你为师，你怎么能不好好教授？"老师说："微臣已经将全部技术传给大王了，大王之所以落败，并不是技不如人，而是心态不好。"

"你说说，寡人的心态怎么了？"君王问。

"我与人比赛的时候，一心观察马的状态，马累的时候，我会让它稍慢一点，然后再催促它飞奔，我一直注意的是比赛本身；大王您驾车的时候，一心只想超过我，在我后面时，您不顾马的状况，一味追赶；超过我后，不时回头看我有没有赶上来。您只注意能不能得胜，根本没有心思考虑如何与马配合，这才是您落败的原因！"

古代的驾车比赛，既要掌控车子的方向，又要配合马的动作作出调整，需要全神贯注才能得到好成绩。一心想着成败得失的人，无法顾全大局，常常顾此失彼，自然落了下风。故事中的君王脑子里只有胜利，也就看不到脚下的路，他忘记胜利只是结果的一种，如果不能好好完成过程，迎接他的是另一种结果：败北。

急功近利之人之所以没有一颗宁静的心，是因为他们太过重视结果，忘记了胜利需要一点一点积累。捷径也许存在，但不会时时存在、事事存在，偏偏有人做任何事都图方便，这种思想放在现实生活中，就是投机取巧。现实生活中，不乏靠投机得到成就的人，他们用比别人更少的努力和时间，也能得到地位和成就。

不过，投机取巧的人始终比那些埋头苦干的人少了一些东西，那些人的脚步是实的，他们却是虚飘飘的，有一天遇到狂风，就再也站不稳，露出原形，而那些扎实的人，从来不惧怕风雨。每个人都有想要实现的愿望，有禅心的人不会采用不正当的方式，更不会在条件不成熟时贪功冒进，因为他们知道，生活的真味要慢慢品，过程比结果更值得投入。

· 006 ·

智慧在于了解的深度

一位禅师正在诵经，他的徒弟在旁侍奉。冬日天寒，禅师下令："徒儿，你拨一拨炉子，看看还有没有火。"徒弟于是在炉中拨了一拨，说："师父，没有火。"

禅师站起身，亲自拿起火钳，伸入炉中深深一拨，结果拨出点点火星。他问徒弟："徒儿，你说没有火，那这个是什么？"

徒弟说："是徒儿未曾深拨。"禅师说："万事有始必有终，只知始，未知终，非悟者。"

"只知始，未知终，非悟者"，禅师说的这句禅语与我国《诗经》上的一句诗异曲同工："靡不有初，鲜克有终。"意思是能够开始的人很多，坚持到最后的却很少见。故事中的禅师认为做事要深入，不要停在表面，这同样是一种坚持。不论什么事，做得深入一点，就能了解得透彻一点，得出的结论也会更加准确，这就是将事情做透。

　　一个人的能力、阅历是有限的，谁也不能保证自己能将一件事做好，但是，有心的人却会把一件事做透。把事情做好固然能达到我们的目标，把事情做透却也是另一种收获：收获的是做事的学问、动脑筋的方法。只有把事情做透，才能真正了解一件事情，从这个过程中得到智慧与启迪。深耕细作的粮食与播种机大面积种下的粮食虽然都能获得丰收，但前者无疑比后者更有营养和口感，这就是"透"与"不透"的区别。

　　把事情做透是提高能力的最有效方法。想要全面了解一件事，就要从各方面尝试，就能以更多的角度看到事物的全貌。多数人在实践中能够触类旁通，通过一件事思考到更多的事。因为要解决一件事，可能要学习很多东西，在无形中提高了自己的能力。当一个人把一件事做透，他会发现自己会做很多件事，对自己的能力有了充分的信心。

　　一位漫画家在杂志上连载一部少年漫画。刚开始的时候，读者很喜欢这部作品，认为设计新奇，男女主角有个性。这部作品可谓一炮打响，引来了众多的追捧。连载两年后，漫画家感到后继无力，读者们也对这部作品渐渐没了耐心。那本杂志对这样的作品一向的做法是"腰斩"，即在一个月之内草草结束作品，给其他作品让出地方。

　　接二连三的打击，使漫画家本人也对这部作品有些厌烦，但他做事认真，他决定给这部作品一个相对完美的结局。于是，他依然精心构思，认真作画，并把不满意的部分反复修改。

　　没想到最后一个月，形势突然出现逆转，漫画家的诚意让这部漫画更加精彩，众多读者都表示这部作品还有很多潜力，希望杂志继续刊登。在读者的要求下，杂志社决定继续这个连载。作家没想到，一次坚持，竟然会有如此收获。此后他越画越好，这部漫画成了大热作品，经久不衰。

漫画家的作品即将面临"腰斩"，他对自我的要求就是尽可能将事情做透，即使结果可能不让人满意，也要竭尽全力，让自己不留遗憾。当人下定决心后，就能心无旁骛，这个时候往往能够注意到平时没有注意到的东西，激发出从未有过的灵感，从而开创一个新的局面。可见，把事情做透才能把事情真的做好。

如何才能把一件事做透？关键要沉住气，专心，持久，不服输。沉住气，就是我们说的心静，在任何时候不要忙乱慌张；专心，就是说不要吃着盆里的惦着锅里的，要全神贯注地做一件事；持久，是指要有计划、有策略，不能急于求成；不服输，是说在暂时的挫折面前懂得迂回，以退为进，冷静地寻找解决办法，相信苦心人天不负，转机总会出现。这些因素加起来，再加上一颗愿意思考的头脑，就是将一件事做透。

心灵的修为同样追求"透"，禅的要义就是看透世事，参透人生。想要达到"透"，就要静思，审慎地思考一件事情的方方面面，它产生的原因、过程中的每一个转折，以及相应的结果。只要仔细观察过几件事，就会发现事事相通，什么事的起伏都有相似的地方，这个时候，智慧就会产生。因为通透，即使不能知晓一切，也能知道事情的大概，遇事就不会失去方寸。静者因透生静，因静而透，就是修禅的真意。

· 007 ·

世界从来喧嚣，安宁来自内心

一个小和尚想要成为一代高僧，他在佛前终日打坐。小和尚的师父看到这个情形，问小和尚："你为何从早到晚都要打坐？"小和尚说："因为我想成为和师父您一样的高僧。"

师父笑道："你如果为了成为高僧而打坐，就违背了打坐的本意。"

小和尚大惊，说："师父经常教育我们说，打坐可以修炼一个人的清净之心，让人能不因外物而迷失，怎么说我违背了打坐的本意？"师父回答："是的，打坐是为了修炼清净之心，你现在带着欲望打坐，如何清净？如果心灵不能达到一种宁静状态，打坐不过是辛苦自己的肉体，让内心更加混乱，最后因欲望迷失自我，何来修炼？"

什么是高僧？内心清净、知晓世情，这样的僧人即使生活在闹市之中，也不会损害他的修为。相反，因为看透的事情更多，反倒让他更加超脱。小和尚打坐是为了让自己内心能够清净，但带着"成为一代高僧"这种欲念打坐，和那些怀着欲念的世俗之人并无分别。打坐的目的是清净，有欲望只会让内心混乱。

佛家常说清净，清净是指心地纯洁，不为外物所扰，以及要求自己远离侵害与烦扰。佛门弟子四大皆空，平日生活简单，烦恼的事不多，而世俗之人每日被琐事纠缠，想要心地清净却不简单。也正是因为世俗之人很难远离烦恼，才更有保持清净的必要，不然如何保持内心的平静，以应对复杂的世事？

有个脾气不好的年轻人，经常被长辈训斥，有一天爷爷对他说："迟静禅师是我多年的朋友，也许他能让你改一改这种躁脾气。你现在就带着我的书信去庙里找他！"

年轻人日夜兼程，终于到了迟静禅师的寺院，将爷爷的信送上。迟静禅师看了之后，并没有劝导年轻人，而是让他进入一个屋子，"咔嚓"一声把屋子上了锁。屋子里没灯，没窗户，只有一张床，一扇紧闭的门，年轻人大叫："这里是什么地方？你要做什么？"

迟静禅师没有理会年轻人的怒骂，只让寺里的小和尚一日三次给年轻人从门下的小孔里送饭。年轻人骂不绝口，没有人理会他。

过了几天，迟静禅师问年轻人："你在生气吗？"年轻人说："我当然生气！我真是个傻瓜，竟然跑到你这里来找罪受！"迟静禅师说："你连自己都不能谅解，更不能指望你体谅别人，算了，你继续待在屋子里吧。"

又过了几天，年轻人终于不骂了，迟静禅师说："你怎么不骂了？"年轻人说："骂有什么用，就算骂得再用力，我还是只能被关在这个黑屋子里。而你们这些人整年都在寺庙里，却能心平气和，我想是因为你们心中本来就没有怒火，才能成为禅师吧？"

迟静禅师吩咐小和尚打开了门，对他说："恭喜施主，你已经悟了。心平气和，便无怒火产生。"

人们的心为何常常不清净？因为经常有欲求，求之不得便经常恼怒。人生七苦常常困扰我们，就像故事中的小青年，心里烦躁，自然脾气不好；脾气不好，不论遇到什么事都不能保持一份平常心，动辄叫嚷。直到被禅师关了几日，才明白气恼与叫嚷除了让自己更加不忿，没有任何用处，年轻人体悟到的道理，就是心灵对事物的"拆开"。

　　世间有没有净土？显然没有，桃花源只存在于陶渊明笔下，迄今还没有被发现。但我们也大多有过这样的感觉：在某些人身边，会发现他对一切都有善意，不论遇到什么都能看通，很少与人争执。这时候，我们不禁认为这个人的心就是一方净土，因为他没有功利性。

　　净土存在于每个人心中，对待自己的心，不要怀有什么目的，功利性的东西与清净这一主旨违背。现代社会充满功利性，我们无法成为避世的隐者，也无须刻意追求一份清高。只要能在生活中常常调整自己，懂得陶冶性情，克制怨气，以善意的目光看待每一件事、每一个人，自然就能不被外物所扰。此时的心态，便是清净；此时的灵台，便是净土。

第二章
从复杂的事情中理出重点

心灵没有智慧，如行路没有双目，纵然路走得再多，事做得再好，也会偏离目标，到达不了彼岸。想要选对做事的方法，先要有做对事的眼光，这便需要智慧。

世事难免复杂，看得透起因，理得清条理，拆得开重点，然后权衡得失，周详布局，谨慎从事，就是解决事情的最佳办法，更是一种难得的智慧。

· 001 ·

看问题的全部，想周详的办法

一只小猪正在河里洗澡，它问妈妈："我常听人说到'聪明'这个词，怎样才算'聪明'？"妈妈说："聪明很简单，我给你出一个问题，你猜一猜：两只小猪在烂泥塘里打滚玩耍，回到家后，是爱干净的小猪先去洗澡，还是不爱干净的小猪先去洗澡？"

"这个太简单了，当然是爱干净的小猪先去洗！"小猪说。

妈妈只是笑了一下说:"可是爱干净的小猪也不是天天要洗澡。"小猪以为自己答错了,连忙说:"是不爱干净的小猪先去洗,因为它身上太脏了!"妈妈仍然摇摇头说:"不爱干净的小猪也许习惯脏着身子,不去洗。"

"那就是两只小猪都去洗澡!"小猪说,看了看妈妈的脸色,知道自己又错了,连忙说:"是两只小猪都没去洗。"妈妈说:"都不对,但都有可能,如果你能一次说出四个答案,就说明你考虑问题最周全,这就是聪明。"

一个看似简单的问题,却藏着思维陷阱,小猪的四个答案都是错的,但加在一起却是正确的。很多问题并没有标准答案,很多事都需要多重判断,想到每一种可能,才是周全的回答。这种周全的思维方式,同样是一种"拆得开"。

我们都听过《盲人摸象》的故事,几个盲人去摸一头大象,他们的手触摸到什么,就以为那是大象的样子,于是得出了很多荒谬的结论。现实生活中,我们也根据现象的一角,作出错误的推论,却不知现实比我们的想象大得多、复杂得多。如果我们不能多看看、多想想,就不能触摸事物的全貌,更不能找到最准确的应对办法。

同理,在我们的心里,也经常存在这种"一叶障目"的现象。我们常常固执己见,被某个观念蒙蔽,听不进别人的劝告,看不到更多的状况,这就造成了我们为人处世的偏颇。更严重的时候,我们变成了一个心灵上的盲人,以致常常做错事,常常后悔。

乌龟对他的好朋友老鹰说起自己的愿望:"一直以来,我都羡慕你,希望能像你一样在天空中自由飞翔,看一看广袤的大地,可我知道直到死,我也无法实现这个愿望。"

老鹰仗义地说:"你为什么不早点告诉我?这个愿望我一定帮你实现!明天我带来一根棍子,我抓着一头,你咬着另一头,我就能带你飞上去!"

乌龟欣喜若狂。第二天,老鹰用爪子抓紧一根棍子,乌龟咬住棍子的另一头，只见老鹰展开翅膀，乌龟听到耳边呼呼的风声，转眼间，它到了半空中！乌龟高兴极了，老鹰也很得意，它实现了朋友的愿望，以后，它可以经常带朋友来天上玩。

没想到不到一个钟头，不幸的事发生了，乌龟一头栽了下去。幸好是摔在了湖里，没有死掉。老鹰说："你怎么不牢牢咬紧棍子！多危险啊！"乌龟委屈地说："我一直咬着棍子，但咬的时间太长，我太累了。"

"那你可以告诉我，我就带你飞下来啊！"

"可是我刚松开嘴，就掉了下来！我们下次还是想一个更加周详的办法吧！"

老鹰想帮助朋友实现在天空飞行的愿望，结果却是好心办错事，差点要了乌龟的命。由此可见，助人为乐也要讲究方法，结果不好，费再大的力也不讨好。也许我们早就发现这样一个事实：和自己有关的事，过程比结果重要；和他人有关的事，结果比过程重要。

世界上多数事情也是如此，过程虽然重要，但结果却是人们最看重的。想要达到一个好的结果，就要讲究方法，这个方法就是思考周全，妥善筹划。成功不是一句口号，也不是下定决心排除万难就能办到，或者说，方法不对，需要排除万难，方法对了，也许只有"百难"，那么，我们为何不在一开始的时候多想想，省下那些"难"？

想办法也不是容易的事，一来要有丰富的经验，二来我们的思维常有误区，生活中也常出现我们注意不到的地方。这种能力需要在实践中不断提高，不必那么急迫。不论何时，尽量让自己的思考周全一些、缜密一些，你会发现一旦看得全面，事情就不再复杂，苦难也能够迎刃而解。好的结果，自然也就是你的囊中之物。

·002·
行事之前，思考可能出现的结果

两只青蛙去旅行，它们游山玩水，最后走到了一个寸草不生的村落。更糟糕的是，它们玩得太开心，走得太远，早就忘了回家的路。此时烈日当空，它们干渴难耐，只希望找个地方喝口水，再找个阴凉的地方睡上一觉。

一只青蛙突然欣喜地大叫："前面有一口井！一口井！"说着跳上前去。只见一口水井里，有一汪看上去清凉透亮的井水。青蛙说："这可真是绝处逢生，我们只要跳下去就能解渴。"它的同伴却说："你别着急往下跳，你先想想，跳下去以后，你还能不能跳上来？"

青蛙仔细观察井的深度，果然超过了自己的跳跃能力，如果方才它直接跳下去，很可能一辈子都跳不出这个井了。

多年前一个电影里有这样一句经典口头禅："黎叔很生气，后果很严重。"在生活中，我们也常常用这句"后果很严重"揶揄自己，调侃他人。不过，"后果很严重"并不是一句笑话，就像故事中的青蛙，如果他没思考就跳进一口枯井，恐怕要流着泪说："后果很严重。"

做什么事都需要想后果，因为事情是你做的，你需要承担这个后果。如果只是小错误，后果不严重，大概只是心中不舒服一下，郁闷一阵子；

如果造成严重后果，长时间地影响自己的心情，造成心理阴影，显然这错误的代价就大了。还有可能影响到自己的事业、前程、人际关系，这个时候，恐怕就要满大街找"后悔药"了。

更多的情况下，后果并非由你一个人承担。如果你承担不了这个后果，就意味着你不仅给自己带来了损失，还会给他人带去麻烦。这样的后果也会极大地影响你在他人心目中的形象，让他人对你的信任度降低。更严重的例子也有，有人没有熄灭一根烟头，造成整栋大楼的火灾。其实没有人想故意纵火，这样的结果只是因为一时行事疏忽，多么得不偿失。

一个孩子做事总是粗心大意，他的父亲教育他说："不要这么粗心，你没听说过'千里之堤溃于蚁穴'？一点小小的疏忽，就会导致大的漏洞。"

"可是，蚂蚁自己要爬过来的话，大堤有什么办法？"孩子反驳。

"古代人在修建大堤的时候，就会预防白蚁，而且人们经常检查大堤，发现白蚁，就要及时消灭，这样才不会有安全隐患。你呢，平时写作业不是丢个小数点，就是少了一个零，这怎么得了？想想你上次的名次，和第一名差了三分，如果你没有忘记那个小数点，你就是班上的第一名！"

"我不在乎是不是第一名。"孩子嘴硬。父亲说："小数点在卷子上，你可以不在乎。等你长大了，当了设计师，你点错一个小数点，一座楼就塌了，你也能不在乎吗？"孩子终于低下了头。

不论是长堤上的白蚁，还是设计图上的小数点，看起来都微不足道，却可以导致重大事故。天灾和人祸常常因为微小的疏忽，一些事情在最初的时候可能很简单，一旦它不断发展，变得过于复杂，就不是我们的意愿能够控制的。所以，在日常生活中，要养成认真的习惯。

认真是一种可贵的品质，也有很多实际的好处，好处之一就是它让我们既有专心致志的品格，又有未雨绸缪的危机意识。我们生活的世界并非那么安全，即使过马路看着路灯踩着斑马线，也可能有意外车祸。在生活中更要多多留神，将危险苗头扼杀在萌芽状态，给自己给他人以安全，这就是人们常说的"防微杜渐"。

危机意识并不是神经质，时刻小心翼翼以为天要塌了，地要震了，每天把自己搞得紧张兮兮。防微杜渐也不意味着草木皆兵，每走一步都要左瞧瞧右看看，生怕有什么危险，有什么漏洞。过分小心的人常常因为太过注意脚下，而忽略了大目标。

认真应该是一种习惯，一种心理防御机制，落实在行动上，只需要做事多想一点，多看一眼，多动几下。在心灵上，需要多多思考，多多筹划，多想想可能的后果，然后做到谨慎即可。谨慎的人往往不会把事情搞复杂，因为在复杂之前，他早已将其拆成简单的一个一个部分，处理得妥妥当当。

·003·
做事要细致地完成

一个和尚想要拜净空禅师为师，净空禅师说："我这里戒律森严，对徒弟也有严格的要求，已经拒绝过很多人。如果你诚心诚意想要拜我为师，我愿意考虑你。不过，在我这座寺院，每个新进门的弟子都要负责打扫院子和大殿，你先去做这一项工作。"

和尚只想聆听净空的智慧，没想到还有这些无关紧要的杂事，他飞快地扫完地，去跟净空交差。净空问："你扫干净了吗？"和尚说："扫干净了。"

"真的扫干净了？"净空又问了一遍。和尚说："真的干净了。"

"你不适合当我的徒弟，现在你可以回去了。"净空说。和尚大惑不解，也不大服气。净空说："我在大殿和院子的角落里放了几枚钱币，倘若你认真打扫，看到它们，自然会拾起来交还给我。你没看到，说明你是个只会做表面文章的人，连这么简单的任务都不用心，你能用心参佛吗？"

禅师细心布置了一个测试，他在大殿的角落里放几个铜钱，如果和尚没发现，是他不仔细，佛家最讲心性，做事不仔细，参佛又怎能仔细；发现了不交给禅师，是他贪财，佛门岂容贪财之辈？和尚想要拜师修禅，却被一个扫地测试扫出了禅师的大门。禅师明白，不论是参禅还是修行，都不是打坐和看佛经就能大功告成。

拳手要想胜利，就要擅长寻找对方的破绽；想要保持不败，就要步步为营，不露自己的破绽。现代社会竞争激烈，我们有时就像拳击台上的拳手，想要胜利，就要事事仔细，不留下破绽。

一个人的品德也是如此，没有人天生就是圣人，品德需要不断培养，不断对缺点加以克服。如果不能常常发现自己的毛病，给自己打个"补丁"，破绽会越来越大，最后变成人格缺陷。那种不断完善自我的人，即使不是圣人，也值得人们尊敬。

一个芭蕾舞团平日在市里的文艺中心练习，听说那里的清洁工工资都很高，很多清洁工都希望进去工作，但那里的清洁工却说："不要以为这是一个多么轻松的工作，我们的工作强度至少是你们的三倍。"

"可是，一群练舞的小姑娘会留下多少垃圾呢？"有人表示不信。

"垃圾不多，但是，你要随时留意练舞场，不能有一丝灰尘，也不能有一丁点异物。"

"不需要这么严重吧？"

"怎么不需要。你要知道，芭蕾舞鞋很软，地板上的一点异物，都会对舞者的双脚造成伤害，怎么能不小心呢？所以我们每天都要反反复复擦拭很多遍，让那些小姑娘放心练舞。也是因为这个原因，我们的工资才比外面高一些。"

有时候，一个人的性格、行事方式就能代表他的品格，从一件很小的事，就很容易推断出这个人的格调如何。就像故事中的清洁工，他能够明白芭蕾舞者的不易，也明白自己工作的价值，慎重地对待自己的工作。芭蕾舞者奉献了艺术，他就是艺术的护航人，这种在背后默默付出的人值得我们尊重，而他那种细致的做事方式，更值得我们效仿。

如何做到细致？根源还在于我们的观察力，在于我们是否能将一件事"拆开"，照顾到每一个环节，每一个步骤。鲁智深拳打镇关西，不忘先为金翠莲父女留后路，这叫细致；和人乘车先下车为人开门，这也是一种细致。细致可大可小，就看你能不能考虑到。大事上细致的人，即使是粗人，也是粗中有细的智将；小事上细致，才能将事情完成地更好。总之，细致没什么坏处。

常言道："做人如山，行事如水。"水代表的是灵活也是细致，覆盖每一个细节，不留任何空隙，这就是细致。做事细致，就能让我们的一生像精心织造的锦缎，柔美大方，让人欣羡。

·004·

不被复杂的表象蒙蔽

有位禅师每天都要去山间的一个石洞里打坐。附近几个顽童发现了这件事，想要吓一吓这个老和尚，就埋伏在老和尚回来的路上。他们用树枝掩盖自己的身体，等待禅师走来。

禅师走了过来，几个孩子探下身，用手抚摸禅师的头和脖颈，然后迅速藏回树上。他们原以为禅师会吓得魂飞魄散，没想到禅师一动不动地站了一会儿，一声不响地走了。

第二天，孩子们装作没事人的样子去山洞里找禅师。一个孩子说："大师，你知道吗，这附近有奇怪的妖怪，每当有人经过树林，它们就会用爪子抓那人的头颈！"

禅师和蔼地说："那并不是妖怪，是一些爱玩的孩子。"

"你怎么知道不是妖怪？"

"因为妖怪的手没有那么温暖，也没有那么柔软。"

孩子们装妖怪吓唬老禅师，老禅师知道妖怪没有体温，那放在自己脖颈上的手肯定不属于妖怪。孩子们本来想弄出一个复杂的陷阱让老禅师害怕，老禅师是个聪明人，稍微动动脑筋就拆穿了这个谎言。一旦抓住事情的关键点，就能很轻易地明白事情的真相。

我们都看过侦探片或者侦探小说，那些大侦探总是能根据蛛丝马迹作出详细的推理，然后在众人的惊讶之下揪出那个根本不像凶手的凶手。侦探就是拆解事件的高手，他们头脑清晰，观察仔细，思考周密，所以才能看到别人漏掉的，想到别人想不到的。在此基础上，他们还能产生一些跳跃联想，从而破解一个又一个的案件。

我们羡慕侦探的头脑，事实上，现实中的聪明人，智商不会比书中的侦探差。因为我们要面对的复杂事态，虽然性质与案件不同，但麻烦程度却不差多少。我们也必须像侦探一样将事情拆解，观察，思考，得出结论，解决问题。这样的经验多了，我们就会发现很多事情其实没有想象的那么复杂，解决事情有时就需要抓住某个关键点，能够突破这个关键点，整个事件便会迎刃而解。

一只兔子正在森林里睡觉，一颗熟透的木瓜砸了下来，落在湖水里发出"咕咚"一声巨响。兔子胆小，以为天要塌了，慌忙逃跑。

途中，兔子遇到乌龟，乌龟问："你为什么慌里慌张的？发生了什么事？"

"不得了了！咕咚一声！天马上要塌下来了！赶快逃命！"兔子说，乌龟听了连忙跟着兔子逃命。一路上，鹿、猴子、羊、牛、马等动物都听说了这个大消息，逃命的队伍越来越庞大。最后，百兽之王狮子说："你们停下来！到底发生了什么事！是谁说天要塌了？"

兔子站出来，绘声绘色地描述了"咕咚"的可怕。狮子带着大家回到湖边，这时，又一颗木瓜掉了下来。

"咕咚！"

动物们面面相觑，随即哈哈大笑。

"咕咚"一声，兔子带着整个森林的动物一起逃命，当动物们知道令它们心惊胆战的不过是一颗掉进湖里的木瓜，它们笑兔子，也笑自己。笑兔子没经过调查就大惊小怪，笑自己没问清楚就随波逐流。但是，兔子长得小，巨大的声音可能真的让它认为世界末日就要来了，真正要怪的还应该是那个没能问清事情的自己。要记住别人害怕的，并不一定是自己害怕的。

每个人都有自己的弱点，对不会爬树的动物而言，一棵树不论笔直还是弯曲，都是复杂、难以攀爬的。人与动物不同，人有主观能动性，只要找出那个让捆绑自己手脚与心志的弱点，就能想办法克服。最重要的是保持心灵的警觉，不要被其他人的言语和行动所迷惑，轻易地对事物下了定论，认为困难不可克服，自己一定束手无策。倘若如此，不是事情复杂，是别人把事情说得太复杂，你把事情想得太复杂。

很多看似复杂的现象都是经过旁人夸大才产生的，事实上并没有那么严重。没经历过的可以自己亲自看看，没有条件亲自看，至少要保持怀疑，不要轻易胆怯，更不能人云亦云。唯有如此，才能做一个看破假象、直击核心的聪明人。

·005·

胜利属于有实力的人，而不是有情绪的人

在一次音乐歌手颁奖晚会上，得到大奖的歌手意气风发。当记者们请他评价对手们的作品，歌手很谨慎，说了一些客套话。记者们又请他谈谈刚刚崭露头角的新歌手，这一次，歌手显露了狂傲的本性。他说："那个歌手吗？他的观念老土，音乐里充满了炫技与猎奇，全都是为了吸引人眼球

搞的小动作。这种歌手走不远，不会有什么成绩。"

谁知被谈到的新歌手就站在附近，在场的人面露尴尬，而那位新歌手却像没事人一样说："前辈提点后辈是正常事。"大家都很佩服新歌手的气度，很多人认为他一定能成大器。

后来，这位新歌手果然走出了一条自己的音乐道路，几年之后，他拿了很多音乐大奖，而当年那个评价他的歌手早已被人们遗忘。

被他人当面挖苦指责是一件尴尬的事，如果双方都是气盛之人，很有可能产生严重冲突。在这个故事中，当众让人难堪的歌手显然有错，难得的是那个被他批评的人，他的回答避重就轻，既避开了和那位前辈歌手的冲突，又没有让自己失去颜面。他知道来日方长，要维护自己的自尊，最好的办法不是和对方争执，而是拿出成绩。

斗志不斗气，是一种涵养。斗气解决不了任何实际问题，只会让事态更加严重。我们难免遇到让我们肝火上升的情况，有时是面子挂不住，有时是被别有用心的人嘲讽，有时是听到一些闲言碎语。如果较真和别人一一争吵，那会浪费多少时间和精力？又会毁掉我们的好心情与好形象。计较一时，不如讲究韬略，像故事中的后辈歌手那样，用实际成就告诉对手：风水轮流转，谁也不要得意太久。

用成绩化解尴尬，是一种智慧。有大将之风的人才能以如此方法将尴尬"拆开"，转化为动力。靠气性做事，不如靠志气做事，后者比前者更有耐力，更有涵养，也更容易取得较大的成就。一时意气只能使自己得到一时的畅快，但一时而起的志气却能让自己一世受益，两相比较，志气比意气更有前途。

古时候，骡子和驴子都是运货的常用牲畜。骡子的体力比驴子好，很受商人们欢迎。可是骡子也有一个毛病，它们的脾气不好。若是赶上它们不高兴，任凭主人怎么哄，它们的四个蹄子就像钉子钉在地上一样，一步也不肯动。

一个小长工就遇到过这样的麻烦。他帮主人送炒熟的麦子，没想到骡子半路尥蹶子，动也不动。小长工急得拿起鞭子，路过的老人制止说："别打它！骡子脾气拧，打也没用，你在它嘴里塞一把泥！"

"塞了泥它难道就走路了？"小长工问。老人说："嘴里有泥，骡子的注意力转移，就会忘记刚才生气的原因，想要赶紧把泥吐出来。这个时候，你就可以慢慢地赶它上路。"

骡子脾气拧，它生气的时候谁拉也不肯走。这个时候，只要转移一下它的注意力，就能让它乖乖顺着你的意思。人的脾气比动物复杂得多，但犯起拧来，却是不相上下。俗语说一个人上了脾气，"九头牛也拉不回来"。这脾气，在多数情况下都是无理性的，他们让自己沉浸在不快的情绪中，对自己无益，也解决不了什么事。

所以，一个人需要懂得如何克制自己的脾气，这就需要他在肝火上升的时候，迅速找到转移注意力的方法，把自己的注意力放在其他事情上，就不会与怒气纠缠不清，也不会因为一时意气用事铸下大错。其实尴尬的局面是对一个人修为的考验。这个时候，你要"拆得开"，要明白忍住一时之气，显得自己有涵养，也显得对方没风度。之后能够用成绩证明自己，更是让对方一口气憋在心里，这就是真正的胜利。

古代圣人教导我们："三思而后行。"在与人发生矛盾时，要牢记这句祖训。作为一个修禅者更要有定性。人们都说："火气一上来，哪里忍得住。"那就不妨在要生气的时候让自己忍耐三十秒，忍过最初三十秒，接下来就能告诉自己："最气的时候都忍了，还有什么忍不住？"忍住一时之气，但不可失掉志气，要用实际行动向人证明自己的能力，才是真正的成功、真正的作为。

第三章
事半功倍在于对关键的把握

命运并非天定，凡事需要每个人的努力。成败的关键也在我们每个人的手中，抓得住的人如遇东风，鹏程万里；抓不住的只能庸庸碌碌，一无所成。

智慧的人能够把握人生的重点，因此能够克制自我，不被世事迷惑，于关键处抓得住重点，抓得住方法，抓得住机会，抓得住自己的心，如此行事，即便功败垂成，也能不留下遗憾与悔恨。

·001·
放下追求以外的东西

古时候，有个老翁无儿无女，和妻子过着贫困却快乐的生活。这一天，老翁出门捡到了一袋金子，老翁诚实。跑到衙门交给捕快，县官知道这件事后，对老翁说："衙门会贴一个告示，如果三个月内有人来领取，钱就归失主；如果三个月还没人领取，钱就归你。"

一晃过了三个月，无人来领取这袋金子，老翁就成了这袋金子的主人。他一下子成了一个富翁，在城南买了一所大宅，又买了很多富丽堂皇的玉器装饰屋子。他的妻子苦尽甘来，也穿上了绫罗绸缎。没想到不到一个月，宅子失火，烧成了一片瓦砾，老翁又变成了穷人。

邻居们都以为老夫妻一定会哭天抢地，相约去安慰他们。没想到老夫妻很痛快地搬回到原来住的土屋，依旧说说笑笑。邻居们好奇地问："你们怎么这么高兴？"老翁说："那笔金子本来就不是我的，我偶然得到，享受了一个月，已经是上天眷顾。现在我们回到原来的生活，也没有任何损失，我为什么要为不属于自己的东西难过？"

富有的生活一向为人们向往，天上掉下来的一大笔钱让故事中的老人成为幸运儿。可惜幸运的时间不长，面对失去，老人的态度达观而自在：那东西不属于我，我为什么难过？老人的这段经历可以算得上是大起大落，豁达的心态，清醒的头脑，就是我们常说的"明智"。

什么是明智？对待生活，过分看重和追求那些多余的东西，是不智。对生活有一定要求，却不把这要求当作生活的全部。生活中真正重要的东西往往很简单，就像农夫要有田地，渔夫要有渔船，不论人生如何起落，只要有这些最重要的东西，就是一种幸福——能够满足于简单，就是明智。

明智的人能够抓住最本质、最关键的事，并把它们作为生活的基点。所以，他们不易被外部环境迷惑，也不会在人声鼎沸中迷失自我。他们最了解自己想要什么，最知道如何保持心灵的平静，他们简单而有头脑，不会常常为琐事烦恼，也不会被外物迷惑。明智者不惑，不惑者看淡得失，这是一种大胸襟，我们应在实际生活中以此要求自己，提高自己的修为。

古时候，有一个官差去外地办事。半路上，他不幸丢了自己的马匹，只能徒步行走。

第三天，前方出现一条大河，官差暗自叫苦，但他急中生智，在附近村民那里借了一柄斧头，砍伐了一些树木扎成木筏，成功地渡过大河。

前方是一座大山，官差害怕山那边仍然是河，就把木筏扛在肩膀上。山上的禅师问他："这位施主，你为何要扛着木筏登山？不觉得累吗？"

官差说了自己的理由，禅师大笑说："施主，老衲是化外之人，原不应多嘴，但万事随缘而作，登山者要尽量减轻负重，渡河者才需要舟楫，这才是成事的道理。"

"那你说，前边再有大河怎么办？"官差问。

"前边若有河，可以再想渡河之法，你背着木筏登山，岂不更加耽误时间？不智，不智。"

这个故事里的官差把木筏当作自己行路的依靠，认为有木筏在，碰到河流就不必费事。事实上他费了更多的力气，这木筏却不知道还有没有价值。这就是一种不明智的做法，事情的关键在于用最好的方法到达目的地，需要的是双脚和头脑，而不是苦工。如果被自己的偏见迷惑，很容易把一次本来可以更轻松的旅程，变成一场苦役。

我们常常觉得生活中需要一个凭依，这凭依有时是金钱，有时是地位，有时是才华……如果少了这种凭依，我们就会觉得不安全、不完整，能力无法发挥。其实，唯一能够当作凭依的是我们的心灵，当这颗心是明智的、平静的，它便能让人通晓事理。当这颗心是迷惑的、纠结的，才会把其他事物错认为凭依，结果只是让我们的生活多了一个拐杖，虽然让我们走路更加方便，但是太过依赖，却会变成负担，让我们忘记如何迈步。

修禅者最应该做的并不是学习那些禅宗教义，而是先让自己的心态变得简单通明，不要让自己的欲念、偏见成为登山者肩上的舟楫。要把握矛盾中那些最关键的东西，看清生活中那些最本质的东西，知道自己心里最重要的东西，抓住这些，才能不被迷惑，不被他人左右。一心一意做好自己，这就是智者对待人生的方式。

· 002 ·

初学者不要同时拿两支箭

猎人的后代从小就要练习射箭，部落里有一个传统：初次练习射箭的人，手里只能拿一支箭。有些学习弓箭的孩子抗议说："我们只是初学者，怎么可能一次就射准？应该让我们多拿几支箭，哪怕多拿一支也行！"

部落里的神射手说："我像你们这么大的时候，就遵守着这个规定，直到几年后我才明白祖先们的意思。手里如果有两支箭，射第一支的时候就会想'这一箭射不好没有关系，反正还有一支'。这样一想，就射不好第一支箭，也许连第二支都射不好。"

初学者不拿两支箭是游牧部落的祖训。这个祖训有两重意思，第一重是说对待射箭要专心致志，每一支箭都要做到最好；第二重意思是说做事不要给自己留后手，就像作战时候不能想到后退，否则就不易胜利。这条祖训实际上是在告诉人们：做一个严格要求自己的人，因为机会只有一次，心志不坚定的人就会错过。

在很多时候，我们都能深切地感受到机会只有一次，抓得住的就是胜利者，抓不住的未必算失败，但心里总会有所不甘；在两个选择中，我们也只能选一个，想要两手抓的人，常常一个也抓不住；我们心中常常产生一正一反两个念头，无法决定，这让我们变得优柔寡断……这些情况都是

"两支箭"，这会造成不论我们做什么，都不能全力以赴。

我们必须明白，生活没有后手，在周密筹划一件事的时候，想到后路很重要，但在具体做这件事的时候，要当作这条后路并不存在。人在压力下才能够爆发出极大的潜力，所以，不要给自己留后手，是在逼迫自己，也是在激励自己。何况，事情的关键点只有一个，集中精力对待这一点才是最重要的。能够一次成型的事，不要做第二次，浪费了时间。一击即中永远是最快、最有效的行事方式。

从前有个法国青年兴趣很广，心得全无，他经常一头热地投入一项"事业"，却没有任何收获，为此他非常烦恼。他的父亲有个朋友，是著名昆虫学家法布尔，青年人决定向法布尔请教成就事业的秘诀。

"按照你说的话，你是一个对事业充满热忱的人，那么，说说你热爱的事业吧。"听了青年人的诉苦，法布尔问他。

"我酷爱文学，想要成为法兰西学院的诗人；我的小提琴拉得很好，以后有机会成为一个音乐家；更难得的是，我也喜欢自然，经常观察植物，想成为一个植物学家……"

法布尔打断年轻人的话，拿出一个凸透镜说："你说说，怎样通过这个凸透镜点燃一张白纸？"年轻人说："当然是将太阳光聚集在凸透镜的中心，一直对着一个点！"

"没错，现在你就是一个凸透镜，如果你不对准一个点，怎么能生火呢？"法布尔说。

故事里的青年爱好多多，心得全无，犯了个眼高手低的毛病。法布尔让他找准一个点继续发展，因为每个人精力有限，只能把这些精力集中到一点，才能有所成就。这也就是古语说的"有所为有所不为"。看到"不为"，是因为能够审时度势，有"不为"，才能竭尽全力有"所为"，这就是明智。

这个故事还可以进一步延伸，就是青年应该如何选择自己的事业。不给自己留后手是一种勇气，但做人不能傻气，如果发现手里的箭不对劲，及时换掉很重要，不要射出一支根本不适合自己的箭。没有选对方向不可怕，可怕的是一直在错误的方向走。那样耽误的是自己的前程，甚至可能让自己一生都碌碌无为。

在众多选择中，选哪一个最好？明智的人都知道，要选最适合自己的那个，或者自己最喜欢的那个。最适合自己的，才能让自己一直保持高度的热情，容易取得成绩。最喜欢的，因为喜欢，就算没有成绩，也能无怨无悔。人生，最重要的不是抓住成绩，而是抓住心灵的满足，那才是真正的幸福。

·003·

机遇在哪里寻找

兰兰和小梅是一对好朋友，兰兰是护校生，小梅在职高读酒店管理。这天两个人在一起闲聊，兰兰说起她最近每晚都去打工，在一个英国人家里做钟点工，可是那个英国老太太十分挑剔，还经常纠正她的英文，让她烦不胜烦。

小梅却说："我认为这是一个好工作，就算工资低点，老太太挑剔点，如果能学到地道的英语，不是很值得吗？"兰兰说："你别逗了，还地道的英语呢，我准备今天就辞职。"

小梅没办法，只好说："那么，你愿意将这个工作让给我吗？"兰兰爽快地同意了。

小梅开始在英国人家里做钟点工，英国老太太比兰兰说的还要挑剔，不但纠正小梅的会话问题，就连小梅走路的姿势，她也看不顺眼，常常说她不符合淑女规范。每次老太太大发议论，小梅就会虚心请教，然后按照老太太的指示去做。久而久之，不但老太太喜欢她，她的口语、仪态、习惯都得到了规范。

两年后，靠着这些东西，职高毕业的小梅进入了一家跨国宾馆，经理说："你的口语和仪态，都不像是一个职高毕业的学生，相信你有机会进入英国总公司发展。"

同样一份工作，同样面对一个要求过多的雇主，有的人看到苛刻，有的人看到机会。看问题的时候，要看那些对自己有利的方面，不要太计较自己受到的"不公正待遇"，仔细衡量出得失，这就是明智的人看问题的方法。故事中的小梅靠着自己的勤奋和努力，不但使雇主喜欢，还得到了求之不得的锻炼机会。能抓住机会的人，永远是幸运者。

任何事情都有两面性，即使是极大的困难，也藏着机遇的种子。比如，在工作中遇到了挑剔的上司，挑剔从另一个角度来看就是严格，严格的上司往往能造就优秀的下属。在明智的人看来，这就是机遇。有的人喜欢找那些清闲的事情做，有人偏去做那些困难的、看似无法完成的事。他们有意识地锻炼自己，明白在困难中能够学到更多的东西，得到更大的提升，所以他们能够抓住更多机遇，比那些贪图清闲的人走得更远。

对于一个有事业心的人来说，机遇至关重要。有的时候，我们没有那么精准的眼光，不知道何时能够碰到机遇，也不知道如何抓住机会，但也不用因此悲观，有句名言说："机遇只青睐于那些准备好的人。"我们能做的就是当那个"准备好的人"。

一个部落在草原上迁徙，寻找新的家园。当他们在一座大山里跋涉时，一个声音在天空响起："你们的坚毅和虔诚让我感动，从现在开始，你们每个人都可以捡起地上的石头，这些石头会给你们带来好运。"

牧人们谁也不敢相信这个声音，何况在旅途中，捡一堆石头增加自己的重量是件傻事。牧民们认为这是在戏弄自己，只有几个人捡起一两块小石子放进口袋。

第二天早晨，牧民们惊奇地发现，那几个人口袋里的石头变成了名贵的宝石。他们一齐大呼，然后开始后悔：为什么昨天自己不捡一些宝石呢？

如何当一个"准备好的人"？最重要的是要懂得判断，抓得住一切有用的东西。就拿上文的故事为例，一群风尘仆仆的牧民很难相信几块石头能给自己带来好运，他们不肯增加自己行李的重量。从另一个角度想，几块石头能增加多少重量？根本不会给他们带去负担，姑且听之，拿上几块，能够带来运气，是赚到了，不能带来，也没有损失。

对他人说的话，不要轻信，也不要不信，找到让自己受益的方法，就是一种明智。在我们缺乏经验的时候，他人的指点既可能让我们受益，又可能让我们避免误入歧途。成功虽然不能复制，但我们必须多多参考那些成功者的经验，看看他们如何准备，如何面对机遇。

成功者在未成功之时，比其他人更踏实，埋头苦干，很少抱怨。他们最大的特点就是不论做什么，都要比别人多做一些、多知道一些，然后从中摸索经验，以迎接机遇。这个时候，他们已经充分做好准备，让自己更进一步。我们不需要完全重复成功者的道路，但一定要具备成功者的品格，在日复一日的努力中抓住最关键的机遇，看得更多，自然走得更远。

·004·

不是世界贫瘠，而是你缺乏远见

　　猎人带年幼的儿子去打猎，在林子里抓到一只小鹿。猎人对儿子说："这只鹿可以留给你当宠物，现在你牵住它，乖乖在这里等我，我再去找找有没有其他猎物。"

　　儿子很高兴，牵着小鹿等待父亲。谁知小鹿力气很大，竟然挣开绳子逃走了。儿子一路追赶，到了一条小河旁，再也看不到小鹿的踪影，他伤心地哭了起来。

　　晚上，猎人带着猎物回到原地，看到儿子哭得伤心，就问："小鹿呢？你哭什么？"儿子说："逃跑了，我怎么追也追不上。"猎人无奈地说："所以你就一直坐在这里哭吗？你知道吗，我刚刚看到一大群鹿在这边经过，如果你没有低着头哭个没完，就能拿起弓箭，再抓几只小鹿。你为了一只小鹿，失去了一个鹿群！"

　　因为一只小鹿失去整个鹿群，这种因小失大是最让人遗憾的。并非没有机会，也不是能力不够，仅仅是判断出现错误，或者太过重视眼前的东西，就造成莫大的损失。会有这种情况，在于人们不能够随时随地认准自己的目标，或者人们把目标定得太小，标准定得太低，只盯着眼前的一点东西，看不到更大的利益。

凡事都有"小"与"大"之分，明智的人都有大局意识。大局，就是那些能够决定自己人生走向，奠定自己未来发展的事，这些事在人的一生中最有决定意义，必须牢牢抓住。在小事上，大局表现在人们能否在近前的利益面前想到背后的东西，是否会因为一时的状况不佳而耽误了事情的进展。那些能够克制自己，服从目标的人，就是有大局意识的人，他们抓住的，基本是"大"，而目光短浅的人，只能得到"小"。

一对夫妻生活在一个山村，他们日出而作，日落而息。每天早晨，丈夫带着妻子头天晚上做好的饭去田里种地，妻子在家里织布、做饭、收拾屋子，日子平凡而幸福。

有一天晚上，丈夫高兴地冲进屋子，对妻子说："我们发财了！我们发财了！"说着，他从衣服里拿出几个刻着彩色花纹的古董盘子。丈夫说："我在锄地的时候挖到了这些东西，听说前段时间官府正在追捕强盗，这一定是强盗偷偷埋在地里的。"

"这么说来，我们可以卖掉它们。"妻子说。

"不行，有可能这些东西是官府正在追缴的赃物。"丈夫深思熟虑地说，"现在不能卖。"

"那么，我们先把它们收起来吧。"妻子说。

"等等，我要仔细看看它们，它们一定值很多很多钱！"丈夫爱不释手地捧着盘子，琢磨了一个晚上。第二天，他躺在床上呼呼大睡，妻子催促他去干活，他说："我们就要发大财了，为什么要干活？"第三天、第四天、第五天……终于有一天，妻子忍无可忍，将盘子扔进村口的河里，盘子被顺水冲走。她对丈夫说："别再做梦了！就算这些盘子真的值钱，你也不能因为几个盘子就不工作！赶快反省一下你都做了什么！明天还是照旧去地里干活吧！"

故事里的农夫就是一个分不清大小的人，他以为自己得到了意外的财富，为此连耕地都忘了，只顾着做白日梦。但他并不知道这笔财富的来源，也可能给他带来一次横祸。就算没有横祸，因为一笔钱改变了他勤劳的禀性，也是这个人最大的损失。他的妻子是个明白人，知道最重要的是守住自己的本分，靠自己的双手劳作，她果断地扔掉了古董盘子，也扔掉了农夫的好逸恶劳，相对于农夫的一时贪念，妻子是明智的。

认准目标是成功的一个方面，不耽误目标则是另一方面。有些人能够认准目标，但是，当诱惑出现的时候，他们往往会改弦更张，这样的人同样不够明智。因为当人们认定一个目标时，那个目标代表了他的判断，可能是最适合他的，如果一点诱惑就打消这个判断，此后心志就会越来越不坚定，越来越容易被诱惑，他们定下的目标就会常常被耽误。

想要做成一件事需要坚持，坚持那个关键点，才能不被微末的小事阻碍脚步。不必理会路边有多少值得尝试的事物，也不必因一时得失而耿耿于怀。有的时候，死心眼一点也没什么不好，适当的固执，恰恰能够保证人们不会因小失大。

·005·
控制住自己的坏脾气

古代有位将军，行军打仗本事一流，他的声名传遍国内国外，但这位将军脾气不好，为人暴躁，得罪过不少人，犯了不少错误。这一天，将军请教一位有名的禅师，禅师说："我想这件事不用我再给你提点，你应该改掉你的脾气。"

"可是，我的脾气是天生的，根本改不了！"将军说。

"既然是天生的，一定时时刻刻都在你身上，现在请你把这脾气拿出来给我看看。"

"现在拿不出来，但我一与人争执，它就出来了。"将军说。

"既然不是时时刻刻拿得出来，那就是你自己控制不住，不能把责任推给上天，你现在和我说话能够心平气和，为什么与人争执的时候不能呢？"

将军被禅师数落一顿，终于承认自己的错误。此后，他的脾气越来越好，终于控制自己的脾气。

俗话说，江山易改本性难移。故事里的将军认为脾气是天生的，只能烦恼不能改。每个人都有天生的脾气，特别是在复杂的情况下，人容易激动，这时就会把脾气暴露无遗。好的脾气会给人带来益处，坏的脾气却可能成为一个人的弱点，给人带来灾难。

人生的关键在于选择，命运的关键在于性格。明智的人善于选择，也明白个性的重要，所以修身养性历来为人称道。什么样的个性最好，仁者见仁智者见智，但有些性子非改不可，如果不加以控制，任性使气，到头来吃亏的还是自己。在故事中，禅师说没有东西是改不掉的，所谓改就是控制。只要能够时时警惕自己，常常反省自己言行上的过失，并在生活中对自己的脾气加以节制，至少能够克制它的危害。

人都有任性的一面，由着性子最舒服，控制性子就像给自己戴了个脚镣，所以，世界所有事中，为难自己是最难的。但是，你不去为难自己，自然有人要为难你，与其等到大难临头才后悔，不如在一开始克制住自己的脾气，实现心灵的良性循环。

19世纪是英国的"日不落时代"，那时英国在位的女王是维多利亚，她是帝国的拥有者，有至高无上的地位。她的丈夫叫阿尔伯特，是一个性格温和的男人，一直全心全意地爱护、辅佐维多利亚女王。

夫妻之间难免产生不和，皇室夫妻也不例外。维多利亚女王从小性格高傲，天生的地位使她做什么事都很傲慢，连对待自己的丈夫，也常常摆出女王的架子。阿尔伯特决定给女王一个教训。

这一天，他们又因为小事发生争吵，阿尔伯特亲王把自己关在房里，反锁房门。晚上，女王来敲门，倨傲地说："快点给英国女王打开房门。"

阿尔伯特亲王没有理会，在书桌旁看自己的书，维多利亚女王一个人站在门外，反思良久，才轻轻敲了敲门。亲王问："谁？"女王说："是我，你的妻子维多利亚。"

门开了，面带笑意的亲王站在女王面前。

作为"日不落帝国"的女王，维多利亚身份尊贵，没有人能够拂逆她的性子。她的丈夫阿尔伯特亲王却用温和夹着严厉的手段提醒她：在别人面前，你是女王；在丈夫面前，你是妻子。一个妻子对待丈夫应该尊重，即使她是一位女王。女王很聪明，马上更改了自己的称呼，可见，没有改不掉的脾气，只有不愿戒掉的心性。

雨果说："被人揭下面具是一种失败，自己揭下面具却是一种胜利。"在别人指出自己失误的时候，要敢于承认自己的错误，更要及时改正这个错误，这就是聪明。而那些不待他人指出，就已经能察觉自己的毛病，努力加以改善的人，则是智者。

性格决定命运，而我们的心灵可以决定自己的性格。也许我们的努力不能改变个性的内核，但至少能够修剪它的枝蔓，让它向着良好的方向发展，给自己和他人以阴凉，而不是荆棘。修身养性，牢牢控制自己的个性，就是抓住命运的关键。常常检讨自己，修正个性上的缺失，就是最大的修行，这是每个人都应该领悟的道理。

·006·
不要为目标以外的事犹豫

狼妈妈觅食回家，发现两只小狼被绑在两棵树上。它心一慌，一定是有人类来过这里，将小狼绑在树上，是为了叫更多的人来将它们抓走。

"一定要趁人类回来之前救下孩子！"狼妈妈想。它开始努力地对着树上的绳子抓咬，正在抓一棵树，被绑在另一棵树上的小狼大叫起来。狼妈妈连忙跑到另一棵树旁，刚刚咬了一阵，那边的小狼又大哭着让妈妈来救自己。狼妈妈左右奔波，最后，它没有救下一只小狼，反倒被赶过来的猎人用网抓了起来。如果它能确定一个目标，集中用力，至少它能救下一个儿子，还能保住自己的平安。优柔寡断的结果，就是耽误时机，招致祸患。

狼妈妈发现孩子被人类抓住，它的心里未尝不知道时间有限，也许只能救一个孩子，但母子连心，她忍受不了另一个孩子凄惨的求救声，只能来回奔波。假设它能集中精力，尽快救下一个，然后母子齐心再救一个，未必不能成功。坏就坏在狼妈妈的犹豫耽误了时间，也错过了皆大欢喜的团圆机会。

我们经常因为犹豫错失良机，犹豫是我们常有的心理状态，有时表现为优柔寡断，游移不定；有时表现为左右为难，两边兼顾；有时表现为瞻前顾后，拿不定主意……人们为什么会犹豫？因为对自己的决定无法完全信任，他们总想着也许还有更好的方法，也许自己遗漏了什么。不能抓住关键点的人，总会拿无数个"可能"折磨自己。

在机会面前，在选择面前，我们需要平静，需要明智，这样才能避免犹豫不决。我们总是想要将事情反复权衡，做到万无一失，但我们拥有的时间太少，容不得举棋不定，更容不得反反复复。更多的时候，我们需要果断，需要速战速决。也许我们还没有锻炼出在最短的时间作出最佳决策的那种能力，但至少我们要敢于作出决断，即使那决断是错的，也是一种锻炼，好过失去机会。

一个富翁爱酒，酒窖里藏了各种各样的好酒，其中一个坛里藏着世间罕见的老年分杜康，富翁自信就算是皇上的酒窖里，也没有这么好的货色。如此好酒，必须等到一个最佳时机打开，或者自斟自饮，或者与身份高贵的人一同品尝，富翁一直等待这个"最佳时机"。

寒来暑往，几次富翁做大寿，都想打开这坛酒，每次下了决心随即就犹豫："如果有更好的机会呢？"有时家里来了尊贵的客人，富翁也想捧出这坛酒，但刚刚碰到瓷坛又对自己说："万一有更尊贵的客人来呢？"直到富翁死去，他也没能打开这坛酒。在他的葬礼上，他的儿子不明底里，将酒窖里的酒拿出来款待来宾。那坛珍贵的酒，也糊里糊涂地被别人喝了，谁也不知道它的价值。

富翁想等到一个最佳时机捧出他最珍贵的好酒，直到他死的那天，这个时机也没有出现。也许这个时机早就出现了，只是他没有意识到，白白放过了。其实"最佳"是一个主观色彩强烈的词，只要自己认定是最佳就可以，富翁等不到，是因为他心里一直不甘心白白喝掉一坛好酒。但好酒的价值在于品味，将它闲置，才是真正的浪费。

酒越存放越香醇，人却不然，世事更是如此。岁月经不起蹉跎，明智的人必须克制犹豫。犹豫的最大表现就是等待，没有的人在等待，希望有一天能有好机会；拥有的人也在等待，希望得到更好的。等待的人怀着莫大希望，到最后却两手空空；没有的辜负了自身的条件，拥有的浪费了自己的所有物。因为不可知的未来，放弃了实实在在的当下，这就是糊涂。

不要为目标以外的事物犹豫，要牢牢抓住生命的意义所在。雄鹰的意义在于飞翔，不会在意翅膀上的羽毛是不是漂亮，做人也应如此。心有旁骛就会浪费天生的才能，在最恰当的时候，要做最恰当的事，千万不要犹豫。正如人们常说："花开堪折直须折，莫待无花空折枝。"

·007·

细节才是成败的决定者

一位禅师路过树林,见一工人正在一棵高树上砍伐树枝,禅师就在树下看着工人。等到工人砍伐完毕,准备下树,禅师说:"施主请慢来,不要摔伤自己。"然后将工人脚下何处有粗枝一一说明,工人安然下树。

路过的人问那位禅师:"您真是一个奇怪的人,刚才工人在树顶,那么高,那么危险,你不出言提醒他,等到他要下树的时候才说话。"

禅师说:"当他站在树上,他知道自己身在险境,自然会加倍小心,这时候,我如果说话,就会让他分心;他做完活想要下树的时候,放松了警惕,我这个时候提醒他,他才不会因为细小的疏忽而遇到危险。"

当别人看似危险的时候,禅师不出声,因为危险中的人自会小心翼翼。禅师想要提醒的是那些看似不存在的风险,这些风险称不上危险,但一个不小心,也容易发生意外。禅师的做法周详,他知道世间多数人都会注意关节,却常常忽视细节,而细节有时却能决定一件事的成败,在某些情况下,它也会成为关键点。

一件事有关节、有细节。关节,就是那些决定事物性质和走向的东西,细节,就是那些起辅助作用的部分。拿盖房子为例,打地基、架房梁、砌砖瓦叫作关节,而房顶盖什么样的瓦,地面铺什么样的瓷砖就叫细节。一件事最重要的部分无疑是关节，没有关节，细节再好也没用，房檐用上好的琉璃瓦，地板用最好的木头，倘若房梁塌了，一切苦工都是白费。

　　细节看似没有关节重要，实则不然。细节代表一个人做事的用心程度，有好的细节，就能将关节完善，做到真正的十全十美。还有更重要的一点是，关节大都是相似的，就如房梁和地基，盖来盖去只有那么几个样式。能够决定层次的是出色的细节，细节做得好，房了看上去就好；细节做不好，它只是一个呆板的屋子。所以人们常说："细节决定成败。"

　　三个工人去应聘仓库管理员这一职位，经理说："你们三个的简历我已经看过。现在已经是中午时间，按照我们公司的习惯，请你们去公司的食堂吃一顿午饭，然后你们再回去等消息。"

　　听到有免费的午饭，三个工人很高兴，他们坐在一张桌子上吃饭，那位经理就坐在他们邻桌。吃过饭后，经理对其中一个工人说："恭喜你，我认为你适合仓库管理员这一职务，你什么时候方便上班？"

　　另外两个人不服气地说："请问，您的评判标准究竟是什么？我们的资历并不比他差。"

　　经理回答："你们吃饭的时候，我一直在旁边仔细观察，我发现你们二位吃饭时狼吞虎咽，还掉了很多食物在桌子上，而这个人却会把最后一粒米饭都吃进自己嘴里，他更懂得节省和珍惜，这是一个仓库管理员应该具有的品质。"

　　仓库管理员这个职位，工作内容虽然简单，却是一个公司很重要的部分，经理首先要看的是人品和习惯，而不是其他。有人因为懂得节约得到这个工作，他靠的是自己早已养成的不浪费的习惯，这一个细微的闪光点，使他得到机会。在日常生活中，我们要注意自己的言行举止，养成一个好习惯，会使自己终生受益。

　　生活上的细节要仔细对待，心灵上的细节也不容有闪失，后者比前者更加重要，因为有了后者，前者就会紧随而来。如果说志向、性格、思考能力是心灵的关节，那么对一件事直觉性的判断，对具体事情的立场，对自己、对他人的态度就是心灵的细节，这些事看似只是个人爱好问题，却最能体现一个人的品质。

举个简单的例子，在公共场合，有人会毫不遮掩地大声接听电话，吵得身边的人只能大声说话；有些人却会捂住嘴巴低语，尽量不吵到别人。这是一个细节，却反映了两种态度，一种旁若无人，只想到自己；一种注意影响，尽量不打扰他人。在寻常生活中，没有那么多大是大非来考量人们的品德，只有这些小细节才是他人评判的基础。在任何时候都不要忽视细节，那代表的是你的能力与品质。一个人拥有良好的品质，走到哪里都会受人欢迎。

· 008 ·

好与坏，都在一念之间

有个青年去拜访山中的智者，询问极乐世界与地狱分别都在哪里。智者说："极乐与地狱，都在我们心间。"青年摇头表示不解。

智者突然开始咒骂这个青年，他的言语恶毒，青年大吃一惊，连忙询问智者是否不舒服。没想到智者越骂越过分，说青年是个一事无成的纨绔子弟，竟然还不知好歹地来拜访自己，真是脏了自家的地板。青年再也遏制不住自己的怒火，挥拳向智者打去。智者连连躲闪，对青年说："现在你是在地狱呢，还是在极乐世界？"

青年冷静下来，想起自己刚才面目狰狞，可不是就像地狱中的恶鬼？而想通后的自己面容祥和，难道不像是在极乐世界？可见地狱与极乐，的确就在人的一念之间。

智者说，地狱和极乐都在我们心间。当你愿意用一颗开朗温和的心面对别人，世界就是天堂；如果心中充满怨恨与不忿，世界就是地狱。我们不论做多少事，都是为了满足心灵的需要，选择天堂还是地狱，都在我们一念之间，这个"一念"非常重要，它决定了我们的心情，影响着我们的生活。

每一天我们都有很多念头，与人相处时，如果存有善念，就会使二人的关系向着好的方向发展；反之，则可能结下仇恨。我们能掌握住的不过是意念浮动的那一刻，如何才能保持对人的友善？要记得对他人友善就是对自己宽容。不论天堂或地狱，都离不开他人的态度，何必与人纷争不休？人与人最关键的并不是冲突，而是共存的愿望。

既然是同一个念头，为什么不让自己多想一些善念？善良的人因为内心有光明，才能在看穿世事之时仍然保留自己的梦想，保留对他人的信任。对于一个生命来说，什么是关键？人心的纯洁就是关键。守住内心的单纯，生活就是天堂，至少自己能够筑起一个天堂。在这个天堂里，人与人的关系更多的是牵挂，即使有辛苦，有极大的艰难，也不会觉得心累。

一只驴一生为主人操劳，老了以后，主人心善，希望它颐养天年，就不再让它干重活，每天拉点不沉的货物，大部分时间，放它在家里悠闲度日。这一天，驴子老眼昏花，掉进路边的一口枯井中。枯井很深，驴子跃不出去，主人也碰不到驴子，井外的人无计可施。

驴子在井中抱怨自己太不小心，听到井外主人唤着它的名字，禁不住一阵难过。主人实在没有办法，驴子也知道自己出不了这口井，看来只能死在这里。

第二天，主人拿铁锹将井周围的土弄到井里，驴子以为主人要埋了自己，万念俱灰，闭上眼等死。突然，它想到主人的慈爱，想到自己的朋友们，它越来越不想死，就睁开眼睛拼命想办法。土不断落在它肩上，它灵机一动，将土踩在脚下，没多久，井被填满，驴子也顺利脱险。它有点后怕，幸好自己没有放弃那一线生机，不然，这口井就是自己的棺材！

生与死有时也在一念之间。故事中的驴子可谓"置之死地而后生"，它没有放弃那一线生机，于是得到了转机，这样的"一念"是福音，驴子抓住了这个机会。那些自怨自艾，无所作为，任由自己消沉的是不智之人；能够将劣势转化为优势，凭借自己的努力扭转局势的人，就是明智之人。生死一线之间，明智，就是对生命的不放弃。

让我们重新审视一下"明智"这个词，明与智，明在前，智在后，明就是光明，即使身边一团黑暗，看不到转机与希望，也要相信一切皆有可能，只要坚持，就有希望。明智者会把阴影留在身后，相信光明就在前方。在行事之时，明辨是非，看准时机和关节；在独处之时，反思自己，尽量做到克制与从容。人生道路漫长，每个人都要学会抓住那些最重要的东西，舍弃那些不必要的枝枝蔓蔓。

每个人在内心深处都有两个愿望，一是成功，二是内心的充实，二者都要靠着一颗明慧的头脑才能得到。做事，要抓住事情的关键，做人，要抓住性格的关键。那些懂得善待自己，不迷惑、不倾斜，端正地走自己道路的人，就是聪慧的明智者。

第四章
固执并不适合解决矛盾

万事存在矛盾,事与事、人与人、人与事有时如乱麻一团,剪不断,理还乱,让人们头痛不已。唯有及时看透情境变化,调整自己的思路,才能做出成绩。

智慧是不固执地坚持错误的观念,智慧的人明了自己的境地,坚持自己的主张,尊重自己的对手,懂得及时调整自己,如此才能于矛盾处发现出路。领悟矛盾,便是领悟如何生活。

· 001 ·

将情境看透,不拘泥于成规

在一次大学生智力竞赛上,一个大一新生的表现引人注目,她已经进到了决赛。在知识提问环节,主持人问:"请回答,三纲五常的'三纲'指的是什么?"

"臣为君纲,子为父纲,妻为夫纲。"女孩回答得胸有成竹,现场观众哄堂大笑。女孩这才发现自己的答案刚好把关系说颠倒了。她临危不乱，一本正经地说：“我回答的是'新三纲'，在我们国家，不管官位多大，都是人民公仆；每家只有一个孩子，都是家里的小太阳，父亲母亲围着转；女性地位越来越高，很多家庭都是妻子当家——你们说，我答错了吗？”

观众又一次哄堂大笑，并对女孩的机智报以热烈的掌声。在评委的示意下，主持人宣布这位女孩顺利过关。

意料之外情理之中的答案，使一时的口误成了顺利过关的"脑筋急转弯"，比起旁人，将事情看透的人更易急中生智。就拿故事中的女孩来说，她不纠结于答案是否标准，因为观众想看的并不是标准答案，而是选手们的智力究竟如何。智力不仅包括记忆力，应变能力更是智商的反映。能够将情境看透，不拘泥于成规，最后得到成绩，这就是悟性。

有悟性的人不会手忙脚乱，经得起场面。不论是小场面还是大场面，有人的地方就有矛盾：人们各自的脾气禀性，志向爱好都有不同，凑在一起就会有纷争。更多的时候，每个人的利益点也不同，与他人的利益难免发生冲突，更会引发矛盾。什么样的人能在矛盾重重的情况下气定神闲？就是有悟性的聪明人。

有悟性的人不会神志混乱，经得起风波。不论遇到的矛盾是难以解决的难题、尴尬的场面，还是与人交手时的见招拆招，他们明白要随时保持清醒的头脑，要看得透矛盾不算什么，尴尬也不算什么。只要这些矛盾、尴尬不是最重要的，一切都能解决。

一位省级领导去一个县城视察工作，当他在一所重点小学发表演讲时，一个小学生手里的手机突然砸上讲台，差点击中领导的头。在场的校长、老师大惊失色，领导随即叫那个孩子走上讲台。

那孩子并不是有意要砸领导，他在和朋友吵架，情急之下动了手，没想到手机飞了出去。此时孩子战战兢兢，不敢开口解释，领导却笑呵呵地问他:"你叫什么名字?几年级了?"等到孩子回答后他又对全校师生说:"这位××同学在那么远的地方,手机投得这样有力气,我看他以后一定能成为优秀的标枪运动员!"全场人哈哈大笑,一场风波消弭于无形之中。

幽默是能够消弭陌生感的最佳武器,也是化解矛盾的良方。在人们眼里,多数事看着都是矛盾,如何把事情看透?我们从小就学习的《矛盾论》其实是个很有用处的东西,它告诉我们要抓住最主要的矛盾,也就是你最在意的方面。看得透这一点,其余的皆可不在意,就算做不到纹丝不动,也能保证不因意外乱了阵脚,还能够再进一步,将这矛盾向有利于自己的方向转变,把矛盾转化为有利条件。

看透矛盾需要一颗平静的心,不论发生什么情况,都能审时度势,因为情境变了,矛盾也跟着变,只有一颗平静的心才能以不变应万变。那些内心波澜不起,遇事又能因境而变、随情而行的人,既是心灵的悟者,又是处世的高手。

· 002 ·

与其抱怨,不如试着理解

深秋,一位禅师路过一户农家,主妇正用豆萁生火煮刚剥好的豆荚。豆荚在沸水里痛哭失声,对豆萁大叫:"我们是同根所生,你怎么这样残忍,让我忍受被沸水煮的痛苦!"

豆萁也大声叫道:"你难道没看见吗?想把你煮熟的并不是我,我也身不由己，你没看到我也正在忍受烈火焚身？难道我的痛苦就比你少吗？"

看到这一幕，禅师感叹："这和人与人相斗的道理何其相似。"

曹植的一句"本是同根生，相煎何太急"曾让很多国人落泪，抛去曹植和曹丕的夺位之争，就这个故事而言，被豆萁烹煮的豆荚有理由责怪豆萁，豆萁也完全有理由责怪豆荚："我也在忍受痛苦，你抱怨什么？"在同等境遇下，豆荚和豆萁都有自己的苦衷，抱怨对方并不能改善它们的处境，这一点，与常常处于矛盾之中的人何其相似。

在生活中，我们最大的麻烦就是如何处理与他人的矛盾。儿女与父母、兄弟与姐妹、丈夫与妻子之间尚且有矛盾，何况在社会上遇到的陌生人，特别是那些有利益冲突的竞争对手，不得不步步谨慎，小心翼翼地提防，将对手视为仇敌，对对方每一个行动都充满警惕，甚至连人家的好意都以恶意来揣测。这样的偏见，极大地影响着我们的心情。

想要妥善处理人与人之间的矛盾，关键在于对他人的理解。如果豆萁有选择权，它也不想成为燃料，既让自己粉身碎骨，还落下个骨肉相残的坏名声。有道是人在江湖身不由己，有时候有人做出对你不利的举动，也许只是局势使然，不得已而为之，并不代表你们从此就要势不两立，再也没有友好相处的可能。

朱杰在一家公司的市场部工作，他是公司的老员工，对营销有自己的一套经验，很得上司器重。没想到今年以来，他的地位一直在下降，原因是公司来了一个叫小芸的新员工。小芸年轻有实力，又有很多新点子，业绩蒸蒸日上，成了公司的新力量。

朱杰很不服气，认为小芸是靠了关系才能有这样的业绩，他经常给小芸使绊子，和小芸抢客户。小芸也不是吃素的，看到朱杰为难她，就处处与朱杰对着干。因为忙着给对方添麻烦，两个人的业绩都受到很大影响，公司老总特意请他们吃饭，给他们讲了"鹬蚌相争"的故事，朱杰和小芸回到家后，各自反省自己。

特别是朱杰，他觉得自己作为前辈，又是个男人，心胸太过狭窄，他主动找小芸道歉，并向小芸请教寻找客户的方法，还经常把自己的经验教给小芸。小芸是个爽快人，看到朱杰真心诚意，就放下成见，常和朱杰一起分析市场，制订计划，两个人合作无间，成了公司里最厉害的一对搭档。

故事里的朱杰忌妒小芸，一是忌妒小芸的才能，更重要的是小芸夺走了上司的赏识。乍一看，因利益而生的矛盾简直无法调和，但我们要清楚，竞争无处不在，你击败一个对手，还会有下一个对手，不如实现利益均衡，把对手变为自己的盟友。

在体育赛场上，我们常常看到有些人台上是对手，台下是朋友。在台上需要争夺名次，尽量打败对方，在台下却能互相切磋，共同进步。如果能把这种精神发扬到工作中，就是公私分明，不把工作上的矛盾带入生活。

人与人的关系难免存在矛盾。普通人有自己的个性、自己的利益，面对矛盾要么回避，要么激化。矛盾对于他们来说就是个麻烦，能不碰就不碰，碰到了也解决不好，只能纠结。圣人与人产生矛盾，会尽量理解对方，满足对方，哪怕自己吃亏受罪，也当作一种奉献、一种修为，这显然不切合生活实际。聪明人面对矛盾不回避也不激化，他们会试图寻找一个平衡点，既让自己不吃亏，也让对方满意。这个时候矛盾仍然存在，但它已经成为良性的、有益的东西。可见能达到共存才是上策。

有悟性的人都明白：身处矛盾之中，理解他人很重要。只有理解，才能看透对方的目的，制定自己的策略。唯有理解，才能够在保护自我的同时，为他人着想，得到他人的尊重。理解是人际交往中的润滑剂，使用得好，就能极大地缓和矛盾。当然，理解不等于可以忍受对方的无理举动，更不等于退让。人可以大度，但不能让人小瞧。

·003·
对手不是敌人，是成长的伙伴

在广袤的非洲草原，有数不清的羚羊每日在草丛中奔跑觅食，有时，它们会被草原上的狮子抓到，成为狮子的食物。

一个部落首领看到这种情况，认为无害的羚羊很可怜，他带着部落里的人民捕杀了方圆千里的所有狮子。从此，羚羊高枕无忧，每天悠闲地在草地上散步。

可没过几年，附近的人们发现这里的羚羊变得呆头呆脑，每天好吃懒做，再也没有矫健的身手，很多羚羊甚至变得病病歪歪。部落首领想不通为何出现这种情况。一个有智慧的老人说："没有对手，就没有竞争；没有竞争，动物就会懒惰。只有狮子才能唤起羚羊的能力。"

首领去其他部落的土地上弄了几只狮子，那些死气沉沉的羚羊一开始相当惊慌，没过多久，果然变得朝气蓬勃，恢复了昔日的体魄。

在我们的人生道路上，有一类人是我们不愿面对但又不能回避的。每当你得到成绩，却发现跟某些人相比，自己还有很大差距，这成绩也来得不开心；每当你失去一个机会，会发现某些人正将这机会握在手中，你羡慕也没有用。这类人就是我们的对手，在人生的每一个阶段，他们都会出现，他们让我们头疼，却也让我们警醒，发现自己所做的远远不够。

对手能让我们更好地磨砺自己。就像故事中的羚羊和狮子，没有狮子，羚羊就会懒惰，就会退化，有了狮子它们才会不停地锻炼自己。为了生存，我们也要不断地磨炼自己。这个时候，仅仅有意志力是不够的，还需要有人在身边不断叮嘱，但叮嘱的人比不上那些打败你的人，只有打败你的人，或者威胁你的人，才能让你学会真正的认真和用心。

我们的成就离不开对手。有悟性的人明白对手的重要，他们会利用对手来激励自己，他们暂时不去看那些太过遥远的大目标，只盯着和自己走同一条路的小目标，不断弥补与他们的差距。如此一来，就能经常察觉到自己的进步，让自己有更强的进取心。

17岁的阿谈是业余网球爱好者，在市里小有名气。他有一个竞争对手叫吴瑞，比赛中只要遇到这个吴瑞，他必输无疑。阿谈为此大伤脑筋，每次想到自己的败绩，都很沮丧。

阿谈的姐姐阿颖知道弟弟的心病，就对他说："有个对手是好事，你想不想打败吴瑞？"阿谈点头。阿颖说："那你就经常看他的比赛，经常观察他，把他的绝招都学来。最好还能和他成为朋友，经常切磋，这样才能让你更好地发展。"

此后阿谈果然经常跟吴瑞切磋，吴瑞的比赛他每场必看，他观察吴瑞的动作，比自己好的，阿谈立刻模仿，同时也记下吴瑞的弱点。不到半年，阿谈的球技大有进步，已经能和吴瑞打个平手，他请姐姐吃饭作为感谢。

"那你想不想打得更好？"阿颖问。阿谈如今打心底里佩服姐姐，连连点头。阿颖说："那你就把你发现的吴瑞的弱点、缺点全都告诉他，这样你们才能成为真正的朋友。"

阿谈照阿颖的话去做，吴瑞大为感动，也将他平日观察到的阿谈的错误一一告知，二人从此成了知己，经常一同练球。后来，他们都进了市里的网球队，作为代表参加全国比赛。

聪明的人会把对手变为朋友，阿颖就是这样一个人，她教导弟弟接近对手、学习对手、超越对手，最后与对手成为朋友，共同进步，一切都为了自己更好地发展。不必认为向对手请教是件丢脸的事，也不必担心对手会倨傲地拒绝你，多数人都希望与人为善，共同发展。只有少数狂妄的人才会故步自封，拒绝交流，我们不能做这样的狂妄者。

想要把对手变为朋友，首先要承认对手的价值。夸奖自己的对手并不是贬低自己，而是对事实的尊重。试想如果你的对手是一个不起眼的人，胜利有什么快感？只有打败那些拥有雄厚实力的人，胜利才有滋味。或者说，对于那些有实力的人，失败也不是那么丢脸。

有悟性的人感激对手的存在，因为他们的挑战，我们能够更加了解自己，不论是优势还是弱点，在对手的映衬下，都变得纤毫毕见。好的对手是我们的镜子，照出真实的自己，让自己知道如何进步，为何进步。看得透的人都知道，那个站在你前面的人并不是你的敌人，他们只是你前进的目标。也许有一天，他们会成为你的朋友，从此相互扶持，风雨同舟。

·004·

走到死胡同，为何不转弯

一位高僧带自己的弟子们来到一座悬崖下，对弟子们说："我们参详佛法，不过是为了领悟智慧，现在让我看看你们的悟性吧。在你们中谁能第一个到达山顶？"

高僧说完，弟子们都看向那悬崖。只见绝壁之上只有几根藤蔓、几株斜生的小树，还有一些杂草。他们硬着头皮开始攀岩，有些人没走几步就滑了下来，有些到了半山腰，再也没有力气。只有一个和尚爬了几下就放弃继续向上，转而绕到山后，找了一条小道走上山顶。最后，他是唯一一个到达山顶的人。

其他弟子说："师父让我们攀上悬崖，你怎么能偷懒走捷径？"这个和尚说："师父只说让我们到达山顶，并没有规定方法，你们的头脑不知变通，非要去摔得鼻青脸肿，怪得了谁？"高僧说："善哉，变通就是智慧，这就是悟性。"

师父出了考题，有个弟子走了捷径被其他弟子指责为偷懒，但这条捷径正是师父心中的最佳答案。考题不重要，重要的是会答，就如同素质教育提倡书本不重要，最重要的是能力。在难题面前，有捷径不走不是勤奋，而是犯傻。变通一点，灵活一点，一切矛盾都会展现出与以往不同的一面，让你觉得它并不是攻不可破。

变通是一种思考方式，也是一种做事手段。有了困难就要想办法解决，老办法解决不了的矛盾，就用新办法。就像爱迪生发明灯泡，灯芯的材料要一次一次地试，铁丝不行就用铝丝试，铝丝不行就用钢丝试，总有一天会把最合适的钨丝试出来，这就是变通。如果爱迪生死脑筋，认准了铁丝，火烧不成用水煮，水煮不行用烟熏，盯着铁丝不肯放手，就算再勤奋，灯泡也亮不起来，这就是不知变通。

我们之所以害怕新办法，是因为对老一套有严重的心理依赖，有时候要让自己想开一些，矛盾为什么解决不了，就是因为用错了方法，如果不把方法改掉，困难就会一直在。想要解决现实中的问题，先要解决精神上的守旧，学会变通。

一个年轻人进入杂志社工作，他遇到的第一个难题是约稿子。著名作家的稿子很难约，他只能硬着头皮一次次打电话，或者登门拜访。每一次他得到的都是"抱歉""下次有机会合作"等答复。

这一天，年轻人去拜访一个老诗人。老诗人显然是经常遇到这样的约稿者，脸上露出了不耐烦的神色。他匆匆与年轻人说了几句话，就露出了逐客的意思。

年轻人也对这次约稿不抱任何希望，他对那位诗人说："虽然没有约到您的稿子，但能看到您，我很高兴。我从小就学习过您的诗歌，一直想要见见您。"说着，年轻人背诵了一首诗人年轻时写的诗。老诗人听了，大为感动，握着年轻人的手说："我真没想到，这一代的年轻人还会真正喜欢我的诗歌。我这里有一些刚刚完成的作品，你看一看，喜欢的就拿回去吧！"年轻人没想到自己几句感叹，会出现这样的转折。

在困难面前，不但要能屈能伸，有耐心有决心，还要能弯能折。故事里的年轻人很幸运，他在刚刚工作的时候就遇到了一堂生动的人生课，让他知道在死胡同面前要懂得转弯的艺术。转弯就是转机，达到目的的方式不止一种，约稿不成可以谈谈作品，没准就能谈成，就算谈不成，也给人留下个好印象。

陆游有这样一句诗："山重水复疑无路，柳暗花明又一村。"这句诗包含着人生的哲理：转换方向，绝路也可变成坦途。如何转弯？转弯就是在事物的矛盾中抓住突破口，最主要的方法是打破常规思维。就拿送礼物来说，别人都送花，你送个雅致的小盆栽，这份别出心裁就能更让收礼人喜欢。

面对矛盾，我们都要修炼出一种变通的心态：一定要打破僵化的思维，不要死钻牛角尖，寻找捷径并不是偷懒，"曲线救国"也不是耍心机，只要能够将矛盾解决的办法就是好办法。遇到困难的时候，一定要知道自己已身在死胡同，尽快换一条路，才是悟者的选择。

· 005 ·

压抑自我，不如来一次倾诉

一个理发师最近愁眉不展，他是国王御用的理发师，他知道一个惊天的秘密：国王长着一双驴耳朵。他知道如果将这件事告诉第二个人，国王一定会杀了他。

人的心里一旦有秘密就会有倾诉的欲望，理发师没办法，只好在花园里挖了个洞，把这件事告诉那个洞。没想到几年后，那个地方长出一棵树，树上的每片叶子都大叫:"国王长了驴耳朵!国王长了驴耳朵!"这下子,全国人都知道了这个秘密。

理发师战战兢兢去见国王,发誓自己并没有把这件事告诉任何人,国王却说:"反正现在全国人都知道了,我倒像是放下了心里的一块石头,仔细想想,我的耳朵的确长了点,但这有什么关系?我仍然是个好国王!"从此以后,国王和理发师都不再郁闷。

理发师知道了一个秘密,他憋在心里成了心病,国王心里也有秘密,直到被人知道才能放下心中重担。压抑的时候,不论是寻常百姓还是国王贵族,都需要一次倾诉。倾诉能够让人排解心中的不满,得到他人的关怀和安慰,也许还会得到解决事情的有益启示。

每个人都会有心里觉得压抑的时候,适当地压抑自己不会有什么影响,但一旦压抑过度,太多的矛盾压在心里就成了烦恼。烦恼过重,头脑就不能专一,做一件事的时候也会想着另外的事,极大地影响办事效率。心中有压力的时候,情绪就会不稳定,不但影响判断力,还会影响与他人的关系,让他人也承受同样的压力,并为此恼怒。

解除压力的最好方法是发泄。同为发泄,有人选择向他人发脾气,宣泄了自己的不满,却让他人成了出气筒,这种方法不可取;还有人选择疯狂购物、过度运动来转移注意力,这种非理性的行为虽然得到一时的痛快,却也会给自己造成不小的损失。最一本万利的发泄方式是倾诉,倾诉是在为心灵减压。当你和一个值得信任的人将一切说出来,也许你自己就会发现事情没有那么严重,不用别人安慰,你就能走出低谷。

有时候我们倾诉,并不一定需要得到什么建议,其实我们对自己在做什么,如何做下去,会得到什么结果比任何人都清楚。我们需要的仅仅是减轻自己的压力。也许我们都需要一个审视自己的机会,倾诉,正为我们提供了这个机会。

在发达国家，心理医生是一个很普及的行业，很多专业有素质的心理医生每天做的不是治病，只是倾听别人的烦恼；那些来心理诊所的人并不是病人，他们仅仅需要一个倾诉渠道，用以缓解自己的压力。所以我国有学者说："人人都需要心理医生。"并不是每个人都有病，而是每个人都不应该过分地压抑自己，要努力保持自己的身心健康。

看不透的时候不妨说出来，旁观者清；觉得累的时候不妨说出来，找点依靠；压力大的时候更要说出来，因为人的承受能力有限。妥善选择你的倾诉对象，他应该是温和的、友善的、值得信赖的，最好能够有比你更多的阅历。当你实在找不到合适的倾诉对象时，还可以试一下和自己说话，自言自语有时也可以是一种快乐。处境矛盾的人最容易疲惫，也最容易有压力，这时候，与其压着自己，不如一吐为快。

·006·

别人的眼光，是别人该在意的事

古代日本有一禅师被天皇器重，天皇特为其修建一座宝刹。这座寺院位于山间，每到黑夜，就有野鸟居于正殿。小和尚们只好每晚驱赶这些野鸟，将它们赶到院子里。

禅师看到这件事后说："正殿这样大，难道连几只野鸟都放不下吗？为什么要驱赶它们？"天皇听到这件事大为赞叹，对臣下说："禅师果然是世外高人，正殿就如人心，野鸟便如人言，人心之大，又何必畏惧几句人言？"

人心之大不必畏惧人言，心有多大舞台就有多大。禅师说正殿不必驱赶野鸟，因为能够纳物方为大善与大用，挑剔只会显得一个人气量狭小。有时候我们需要海纳百川的心胸，既要容纳旁人的赞誉，更要容纳旁人的不理解与非议。

人与人性情不同，没有人能够完全了解你，很少有人能够毫无保留地欣赏、接受另一个人，这时候就会产生矛盾。如果涉及利益关系，矛盾就会升级。如果双方寸步不让，就会变为敌视甚至仇恨。当矛盾加深到不能解决的程度，就会以激烈的方式爆发，所以，看得开的人总是避免激化矛盾、滋生事端。

常言道祸从口出，有时候也可以说祸从耳入。我们常常很在意他人对自己的看法，想要知道他人在背后如何议论自己，以此来判断自己的地位，甚至决定自己和他人的亲疏关系。要知道，有时候他人只是一句闲话，他自己都是说了便忘，如果你听到后念念不忘，就是为难了你自己。有时候他人说话有口无心，你若斤斤计较，倒显得没有气量。

有个男孩天生一副好嗓子，听过他唱歌的人都说他今后能当歌唱家，他小时候也曾做过当歌唱家的梦。可是，十几年过去了，他依然是个普通人。当同学们一起去唱卡拉OK，听到他的声音，都不解地问："你有这样好的嗓子，怎么能浪费？就算当一个偶像歌手也好啊！"

男孩却有自己的苦衷，他小时候就参加过不少歌手大赛，可是每当面对评委和观众，他立刻紧张地忘记了歌曲的调子。这种事发生得多了，他就放弃了当歌唱家的念头。

有个老教授听说了这件事，就找来男孩问他："你到底怕什么？"男孩说："我担心自己唱的歌不合评委的心意。"老教授说："你唱歌的时候不想着歌曲，却想着别人的眼光，难怪你唱不好歌。你不克服这个问题，还能做好什么事呢？"

世间本无事，庸人自扰之。太在乎他人的品评，就会导致自己做事总以他人为标准，强迫自己迎合他人的喜好。就像故事里的男孩，唱歌的时候本来是要传达内心的感情，他唱歌的时候却不想歌词曲调，就想着他人会不会笑话，表现出来的都是胆怯，哪里能让听众满意？事实上，他的实力并不差，他害怕别人，其实是输给了自己的心魔。

归根结底，矛盾不是别人和自己过不去，是我们自己和自己过不去。因为过于在意，成了心魔，左右了我们的意念和行动。过分在意他人的眼光，他人就成了我们的绊脚石。如果将他们能够当作榜样，让我们以此为目标前进倒还不错；最怕的就是你只在意他人说了什么，埋怨自己没有做好落了笑话，不再完整地审视自己，而是一味按照他人的说法做调整。

活在别人的眼光中的人，终究会沦为他人的附属品。试想，一个人有着他人的喜好，做着他人喜欢的事，所有时间都揣摩他人的心思，不论他与他人友好或者对立，都不再拥有自我，他会疑神疑鬼，终日不安。心魔难解，但如果人们能解决自身的心结，矛盾也就变得简单透彻，我们需要知道，要克服的困难不是他人一句话，而是我们自身的缺点。只有凡事想着自己，琢磨着自己，才能有真正的自我、真正的生活。

· 007 ·

暂时的忍耐，让你更清楚矛盾

在唐朝，有一位叫寒山的僧人，他不但有很好的诗学才能，还有很高的悟性。有一次，他向一位禅师询问："世间有人谤我、欺我、辱我、笑我、轻我、贱我、骗我，如何处置乎？"

被寒山询问的禅师叫拾得，他对寒山说："忍他、让他、避他、由他、耐他、敬他、不要理他，再过几年你且看他。"

寒山问拾得，是禅学史上有名的对话，他揭示了人们在生活中经常遇到的难题，以及应对办法——忍。忍是一个会意字，意为心字头上一把刀，其中自然有苦楚，却也代表了一种力量。忍得住的人不会逞能，不会锋芒毕露，也不会招惹是非，他们的存在往往更长久，也更平安。古往今来，能够做大事的人都懂忍耐。

在生活中，我们如何面对他人的蓄意刁难？答案就是忍耐。特别是当我们的实力还不足以击败对方的时候，韬光养晦是最好的办法。何必与别人硬碰硬，也许现在你只是个鸡蛋，不必去和石头对碰。刁难几句并不会让我们失去什么，反倒显得对方缺少对人的尊重。不要因为忍耐力不够就降低自己的水准。

在人生道路上，我们如何面对重重困境？答案依然是忍耐。在困境中，我们需要做的是承担与寻求出路，而不是抱怨与自暴自弃。忍得住一时的伤痛，才能寻找机会，要相信有时来运转的那一天，你的所有忍耐和努力，都是为了那一天的一鸣惊人。

春秋时期，诸侯争霸。那时候吴国的夫差打败了临近的越国。当时的越王名叫勾践，他看到吴国强大，以越国现在的实力并不是吴国的对手，于是决定韬光养晦，暗地里发愤图强，期待有朝一日洗刷战败的耻辱。为了麻痹吴王夫差，勾践首先向吴王夫差投降，表示自己愿意成为夫差的奴仆。下了一番功夫之后，勾践得到了夫差的信任。

后来勾践回到越国，他把一个苦胆放在自己面前，每天都要舔一下，不断对自己说："你难道忘记亡国的耻辱了吗？"在这种自我磨砺中，勾践励精图治，十年之后，终于使越国强大起来，最终打败了吴国。勾践每天尝苦胆的故事，则成为一个成语：卧薪尝胆，它告诉人们想要成功，必须先要学会忍耐。

"卧薪尝胆"是中国最励志的成语之一，它代表了一种百折不挠的精神，坚忍就是这种精神的内核。一时的失败不代表一世的一蹶不振，真正的勇者不会逞匹夫之勇，更不会就此投降、甘拜下风。他们懂得蛰伏的重要，愿意花更久的时间积蓄实力，为长远打算，忍他人所不能忍，直到品尝胜利果实。

忍有大小，如勾践一样忍辱负重，遭人嘲笑，忍受艰辛，花十年的时间励精图治，最后一雪前耻，就是大忍。在生活中，面对一时的讥讽不予置评，对一时的得失不去计较，埋头继续做自己的事，不去浪费时间，就是小忍。大忍是智是勇，小忍却是悟，因为人们常常在大事上做英雄，小事上却不能周全，所以小事上需要悟，更需要忍。

孔子说："百行之本，忍之为上。"忍是一种大智慧，也是大悟性，既代表了包容一切的胸怀，又可以成为图谋将来的策略。忍耐不是逆来顺受，更不是低三下四，它代表的仅仅是一时的退让。特别是身处矛盾之中，更要知道忍耐的重要。忍耐，能够让你冷静地观察局势，置之死地而后生；忍耐，能够让你有足够的时间积蓄力量，一举反击；忍耐，能够让你磨砺坚强的品性，对抗住人生的风浪……凡事看得透就忍得住，忍得住便撑得起，想当一个成功者，最重要的便是智者的眼光，加上忍者的胸襟。

第五章
学会与寂寞和苦闷相处

人生有追求便有寂寞，王国维说人做事业，要望尽天涯，衣带渐宽、众里相寻，这都是寂寞而又苦闷的体验。但也正是寂寞，成就了人们的深思、独立、坚韧、自如。

懂得与寂寞和苦闷独处，这是一种智慧。不因一时的无助而放弃，不因一时的失意而失志，不因无人理解而降低自己，便不会因无助、失意和无人理解而烦恼。

· 001 ·

独处也可以充满乐趣

一位禅师正在给他的弟子授课，他说："很多人好奇，我如何能成为一个有修为的人，我认为方法很简单，只要你学会享受孤独。"

看着弟子们不解的样子，禅师进一步解释："就像各位看到的，我是个瘸子。在我很小的时候，我的腿断了，不能走路。当别人尽情享受生命时，我一个人在病床上抱怨苍天不公。我不与外界接触，不与他人接触，陪伴我的只有孤独。

"最初，孤独让我难过，我认为自己被这个世界遗忘。后来我渐渐发现，原来孤独也有好处，它能让我有足够的时间平复心情，以冷静的心态思考问题，让我重新理顺人生，也让我发现活着是一种幸福。在独处时，我懂得了什么是人生，以及如何获得清明的心境。如果你们也能学会独处，享受孤独与沉思的乐趣，你们就是禅者。"

禅师给弟子们讲授修禅的道理，修禅让他忘记了自身的残疾、生活中的烦恼，让他懂得了人生的意义，这一切首先来自他能够接受现状，接受孤独。禅师说孤独与沉思都是一种乐趣。想拥有一颗禅者的心，首先要学会正视孤独。

人生在世，每个人都会面对寂寞，哲人说寂寞是人生的常态。父母养育疼爱我们，但他们无法替我们走完人生道路，因为思维方式的不同，他们只能按照自己的思维来疼爱我们，未必理解我们的心理；朋友理解、支持我们，但朋友有自己的生活，不能够时时刻刻陪伴我们，何况个性不同，难免也有矛盾产生；爱人是我们最亲近的人，但人与人本质不同，一个人无法完全认同另一个人……所以，人生的本质是孤独的。

多数人害怕孤独，一旦他们落了单，就产生一种被遗弃的心理，认为自己是个可怜的人。只有少数人才能真正接受孤独，他们能够习惯独处，在独处的时候思考人生、思考生活，这就是一种修为，借此能够领悟禅意。只有在远离喧嚣的清静场合，才能够真正做到抛离外物，否则熙熙攘攘，没有片刻安宁，思绪总是纷杂，如何深入思考？

一个国王将独子送到一位智者门下，希望他将王子教导成优秀的接班人。智者答应了国王的请求。国王走后，智者对王子说："万物才是人们最好的老师，请您立刻去森林里居住。"王子在智者的安排下，住进了森林。

一年过去了,智者去看望王子,他问:"您每天除了读书,有没有听到什么声音?"

"我听到了流水的声音、风的声音,还有鸟的叫声……"王子回答。

"请您继续留心森林中的声音。"智者说完告辞而去。

又一年过去了,智者又一次去看王子,问了相同的问题,王子说:"当我独自一人时,我听到了大地苏醒的声音、小草呼吸的声音、鲜花汲水的声音……"

"恭喜您,您已经懂得了万物的智慧,懂得了独处和静思的妙处。现在您即使处于红尘之中,也能够保持这样的心境,您一定可以成为优秀的国王。"智者说。

王子在智者门下学习,智者教他的并非治国之道,而是如何独处。智者深谋远虑,他知道人生而孤独,而国君无疑是芸芸众生最孤独的一个,肩负重担,却要随时防范身边的人。如果不能在年少时学习体味孤独,等王子成为国王,他如何面对更加巨大的孤独感?此时的王子学会了聆听万物的语言,等他成为国君,自然也会在日常生活中寻找相似的乐趣。

独处也可以是一种乐趣。与人相处,你的注意力在身边的人身上,只有独处的时候,你的眼界才会放宽,看到更广阔的天地。在与人交谈时,你担心会对他人失礼,无法仔细看看头上飞的鸟、院子里开的花;只有一个人的时候,你想看什么就看什么,喜欢做什么就做什么,没有人妨碍,也不必忌讳他人,这就是一种自由。

学着独处就是学着享受心灵的自由,而自由的心灵最适合深思,为什么那些常常独处的人对事物的见解更加独到?就是因为他们有机会深入地分析事物,不被他人影响,也不被外界因素干扰,由此才能得出自己的判断。寂寞并不是坏事,也许它让你失去了一些喧哗热闹,却能给你更多的启迪、更多的智慧。

· 002 ·

接受寂寞，才能享受寂寞

一个旅行团在大漠中遇险，因为出现风沙天气，救援队很难找到遇难人员，直到半个月后，才遇到一个生还的男人。男人遗憾地说："除我之外，其他人都已经遇难了。"

"哦，这真是太让人遗憾了。"救援队员连忙给这位先生递上水和食物。这个男人说："其实沙暴结束后，还有三个人活下来，但他们眼看其他人被埋在黄沙之下，不能接受这残忍的现实，所以越来越害怕，再加上饥饿和缺水，他们也都一个接一个死去了。"

"那么，您真是个幸运者！"救援人员说。

"我也忍受着死亡即将来临的孤独，几次想到放弃。但我看到沙漠上生长的仙人掌，在这样恶劣的环境中也能生存，我就鼓励自己接受现状，继续努力行走。最终克服了恐惧，找到了你们！"男人兴奋地说。

有人说死亡不是最可怕的，一个人等死才最可怕。因为死亡就像一团阴影一样慢慢侵蚀，等待的人无能为力，只会越来越绝望。有些绝境中的人害怕的并不是死亡，而是死亡来临前的寂寞。他们不是被死亡带走，而是被寂寞击垮。

不能接受寂寞的人有一个弱点，他们在心理上对他人、对外界有极强的依赖性，他们不能失去旁人的陪伴，否则就会变得缩手缩脚。这件事并不难理解，一个人在大环境面前总是显得渺小，人类天生就有群居性，习惯以团体的力量对抗困难。但也要知道，不是任何时候我们都能找到团体，更多的时候，我们只能依靠自己。

有时候，害怕寂寞是因为不够自信。他们害怕自己面对困难，总希望身边有个人拿个主意让自己参考；他们不愿意独自去面对风雨，总希望有个人相互搀扶；他们无法习惯自言自语，只要身边还有个人和自己说话，即使是自己不喜欢的人，也能让他们安心。人们的存在感总建立在他人认同的基础上，如果没有他人，自己的能力、智力就不再有意义。这样的人忘了一件重要的事：生命和生活是自己的，不是别人的，想要接受自己，就要接受寂寞。

方先生是电脑公司的技术人员，去年被调到德国工作。方先生不会德语，到了德国后虽然工作上有翻译帮忙，生活上却遇到了很大困难。他没有朋友，也没法和周围的人沟通，每周的户外活动就是去一次超市。渐渐地，他越来越受不了异国生活，每天只想着调回国内。

国内的朋友听说这件事，劝他出去走走，并说："我记得你喜欢画画，德国风景好，不如你多去写生吧。"方先生认为这不失为一个打发时间的办法，周日就拿起画板外出写生。

德国的风景果然不错，湖水碧青，芳草如茵，还有庄严的古堡、幽静的森林，这样的景致在国内无法看到。方先生找到了精神寄托，从此每逢休息日，就拿着画板寻找美景作画。三年后，方先生回到国内，朋友们都说："我们以为你在国外会十分无聊，没想到你画了这么多风景画，看起来你过得不错！"

"的确不错。"方先生说，"虽然我仍然没学会德语，但我学会了如何独处，享受自我。"

最初，独自在异国生活的方先生是一个害怕寂寞的人，等到有一天他接受了寂寞，开始与寂寞和解，他就能够享受到寂寞带来的乐趣。寂寞能够让人成熟，让我们对生活有更多深刻的认识，也能让我们发现很多平日不曾发现的东西，并从中找到趣味。寂寞，其实能够让人更好地融入更大的环境，享受更多的东西。

如何享受寂寞？要善于调节自己的情绪，发现生活的闪光点。寂寞的时候，我们难免沉浸在某种情绪里。如果那情绪是悲苦的，寂寞也就变成了自我煎熬，毫无乐趣可言；如果那情绪若是明朗的，我们就能像故事中的方先生那样，不断发现身边的美，并产生互动。当一颗心沉浸在对美的欣赏中，不论什么样的生活，都可以变得情趣盎然。

另外，寂寞让人懂得珍惜。寂寞的时候，人们会怀念往日的美好，怀念起生命中那些温暖的回忆。这也是寂寞的另一种快乐，让我们更加知足，懂得感恩。寂寞也能让我们学会反省过去的缺点，今后对自己有更加严格的要求。寂寞让我们看到了自己的价值，让我们以旁观者的身份审视生命的一切。倘若有人能将寂寞变为一种享受，他就懂得了生活，也懂得了生命真正的含义。

· 003 ·

自己做，别总依赖他人

一位禅师带着他的弟子们出门远游，途中遇到一座山。一位徒弟主动探路，首先上山。山路起初好走，不一会儿就变得崎岖，弟子不甘就此打道回府，故而抓着枯草攀登。又过了一阵子，连攀登的枯草也找不到了，只有荆棘，弟子只好抓着荆棘向上走，最后也没找到出路，狼狈地下了山。

禅师见弟子手掌都被划破，连忙问发生了什么事。弟子说："山路难走，我只好抓着那些荆棘向上攀登。"禅师说："荆棘本身就爱依附其他物体，且有刺，你抓住它，这不是自讨苦吃？记住，千万不要依靠那些不能够依靠的人。"

缘着荆棘爬山，即使能够到达山顶，也会刺破双手，更有可能的是半途中手掌就被扎坏，不能继续爬山。寂寞的时候我们难免想到依靠，但那些不能依靠的人就像手边的荆棘，不能为你带来什么好处，即使有一点微小的利益，终究也会带来更大的损害。

没有人的生命能够一帆风顺，当我们孤独无助的时候，会希望有人能够帮助自己。人类社会因为人与人之间的互助才会进步，求助是一件平常事。何况一个人的力量太过微小，有时候想要达成目标，必须借助他人或团体的力量。能够妥善地处理个人与团体的关系，无异于如虎添翼，以最快的速度接近目标。在心灵上，我们在独处的同时，也有与人沟通的需要，否则就会将自己与社会隔绝。

不论现实中还是思想上，我们难免依靠他人，但在依靠之前，我们必须有自己的判断力，知道什么能够依靠，什么不能依靠。帆船可以依靠灯塔、罗盘，这都是有益的，但它绝对不能依靠坏了的帆、不精熟的舵手，这些只会使它遭受灭顶之灾。如果依靠那些根本靠不住的事物，倒不如自力更生。

小刘最近升任公司的销售主管，几个朋友为他庆祝。酒过三巡，小刘苦着脸说："我跟你们说个实话，这个位置我坐得不踏实。主管突然跳槽走了，老板找不到合适的人，才把我提上来。你们说，我能踏实吗？眼下就有任务，我都不知道去哪儿卖这批货！"

听了这句话，在座的小孔豪气冲天地说："别怕，我们公司最近要进这一类设备，这件事包在我身上，我一定给你解决问题！"小刘听了，感激得直拍小孔的肩膀。

回家之后，小刘经常给小孔打电话问情况，小孔每次都闪烁其词，小刘渐渐不满。这时有个朋友提醒小刘："小孔不是不帮你，但他又不是公司的领导，怎么能说进什么货就进什么货呢？你别太指望他。"小刘细一琢磨，真是这么回事。不禁懊悔自己相信了别人酒后的"豪言壮语"。

小刘想要依靠小孔，事前却没有考虑过小孔的实际能力，以致耽误了自己的工作，这件事究竟怪谁？恐怕还要怪小刘自己做事不周全，靠了不该靠的人。依靠不是攀附，也不是把自己的事完完全全交给他人操劳，一切都要在自己已经有条件的基础上，借助别人的力量；如果自己没根基，就算借来东风，也只能手忙脚乱，当不了用兵如神的诸葛亮。

我们生活在社会中，不论是成长还是成熟，都离不开别人的帮助。在向别人求助的时候，一定要仔细考虑。想要得到别人的帮助，一定要考虑到别人的能力和立场。如果别人的立场不适合出面帮助你，你提出要求就是为难他人；如果别人没有能力，你提出要求就是强人所难。就算是病急乱投医，也不要把内科病历投给外科医生。这样一来你不但没有得到帮助，还会让那个无能为力的医生惭愧或者气恼。你多为别人考虑，别人自然愿意多帮你。

此外，不要因为别人没有帮助你，或者他帮助你却没有为你做好而生气，产生怨恨心理。无论帮或不帮，帮得好不好，人与人之间都应该留一些情分，不能以"有没有帮忙"或者"能不能帮忙"判断感情是否深厚。若是如此，感情就有了功利性，不再那么纯粹。

更重要的是，要明白有些事能找人帮忙，更多的事无法找人帮忙，只能自己解决。这样的时候也不要对人心失望，因为他人和你一样要忍受这种寂寞。别人能够坚强面对，你一样可以做到，忍耐加苦干，一定能够突破困境。

·004·

想要征服痛苦，就得知道对自己最重要的

春秋末期，很多百姓为了躲避战乱，逃进深山。一个农夫用斧头伐木，为家人盖了一座房子，又开垦山间平地，种下庄稼。

一天，农夫正在劳动，突然有人来告诉他："赶快回家！你家的房子被火烧了！"农夫急急忙忙跑回家，辛苦盖成的房子已经化为灰烬，他拉住

邻居焦急地问:"我的家人在不在里边?"邻人说:"他们都在后山,什么事也没有。"农夫松了口气,又在烧毁的房子里翻来翻去,翻出一把斧头,兴奋地说:"太好了!斧头没有烧掉!只要安个木柄,以后还能用!"

邻人们不解地问:"房子都被烧光了,你为什么还这么高兴?"农夫说:"虽然房子烧光了,但我的家人平安无事,就连我的斧子也没事。很快,我就能用它再为我的家人建一个更好的房子,我为什么要不高兴呢?"

逃难的农夫刚刚建了新居就遇到火灾,但农夫却不灰心也不抱怨,他的心中始终想着最重要的东西。比起一座房子,家人的安全最重要,谋生的能力最重要。试想一下,如果家人出了意外,就算房子再好,又有什么用呢?唯有保住内心最牵挂的人和自己最重要的能力,只要还有双手,就能为未来的生活奋斗,一切皆有可能。

生命中最重要的东西是什么?每个人都有不同的答案,有人为理想而活,有人为爱情而活。人各有志,志向没有高低之分。有的时候,我们会被世俗的观念迷惑,忽略了最重要的东西。我们常看到父母为金钱奔波,忽略了孩子的教育。他们的初衷是为了孩子能有更好的条件,可是他们的孩子却并不领会,更希望父母有更多的时间陪伴自己、关心自己。

人们总是追求浮名和热闹,不甘于平凡的生活和平常的感情,因为平凡难免寂寞,浮华意味着热闹与受人瞩目,却不知生命中最重要的东西往往与浮华无关,而恰恰是那些最平常最普通的东西。一味追求热闹并不是错,但因此耽误了那些真正重要的,终究会是自己的损失。

玛丽是个有点自卑的女孩,她总是觉得自己不够漂亮。比起同龄的女孩子,玛丽少了一些活泼开朗。在女孩子们参加舞会的时候,她常常窝在家里看书。

圣诞节那天,妈妈送给玛丽一个漂亮的发卡。那发卡是亮丽的橙黄色,做成蝴蝶的形状,镶了明亮的碎钻,在灯光下闪闪发光。玛丽一下子被这个发卡吸引了，她觉得只要戴上这个发卡，她一定能够吸引别人的目光，她决定戴着它去参加圣诞舞会。

舞会很顺利，大家都夸玛丽很漂亮，有很多受欢迎的男生主动来请玛丽跳舞，还殷勤地问她的电话。玛丽一下子对自己有了信心，她相信，这都是那个发卡的魔力。

玛丽开心地回到家，妈妈对她说："你回来了？你真是粗心，我那么费心帮你买了发卡，你竟然忘记别在头上了。"玛丽这才明白，有魔力的不是发卡，而是自己对自己的肯定。

在寂寞中，人们会产生自哀自怜的情绪，甚至会变得自卑无助。故事中的玛丽就是一个自卑的女孩，她竟然认为自己的美丽来自于一个发卡。生命中最重要的东西就是自我的存在，而这个存在需要自信。没有自信，即使再美丽，也不能吸引别人的目光。这对自己、对他人都是莫大的损失。

对自己要有正确的认识，建立对自己的绝对信心。要建立自信就要擅长发现自己的优点，多多鼓励自己，并欣赏自己。不要只把那些被人羡慕的东西当作优点，也不要只盯着那些和功利性有关的成绩、地位、外貌等，有时候一双会插花的巧手、一笔好字、一份好手艺都可以成为你的优势。没有人生来一无是处，如果你愿意发现，愿意培养，总能找到。

即使现在不那么完美也不要紧，我们还能努力让自己变得更好。没有人天生什么都会，全靠后天的学习。即使你认为现在的自己没有什么特长，也可以靠着努力建立自身的优势。最重要的是，要相信自己，克服自卑，才能无惧他人的目光，不被他人影响，做最好的自己。

· 005 ·

人生最大的成就是从失败中站起来

比利是一个保险推销员，他的成绩令同行们刮目相看。有人总结他成功的经验：比如，一流的口才、细致的服务、整洁的仪容……但是，当其他推销员按照他的方法去做，却不能取得和他一样的成绩。他们百思不得其解，只好向比利请教。

比利很大方，他拿出一个本子说："这里面就是我成功的秘密。但我认为这对各位没有多大帮助，只有这个方法各位可以参考。"

众人翻开本子一看，原来本子上记录的都是比利推销保险时所犯的错误，还有他想到的改进方法，这些东西写了整整一本子。推销员们恍然大悟，与其向别人学习，不如从自己的错误中吸取经验，这才是最有效的学习方法。

人们在什么时候最寂寞？是失败的时候。当自己的努力化为泡影，那种灰心丧气的感觉最让人难受。失败会让人不再相信自己，对自己的人生和理想产生怀疑，对自己掌握的知识不再那么有信心，甚至怀疑自己做出的选择是否适合自己……所以，人们害怕失败。

故事中的推销员比利不知经历过多少挫折，才终于不再害怕失败，彻底走出失败阴影。他的方法是把失败当成自己走向成功的教材，每一次失败都记下原因，告诫自己不要再犯。失败给人们以警醒，善于从错误中反省的人，才能避免犯同样的错误。那些不懂得自省、一味抱怨的人，只能在一块石头上绊倒第二次、第三次……

孙敬从小就是个不安分的人，经常有许多稀奇古怪的想法，也经常惹事。好在他的本质不坏，健康成长，还考上了重点大学。

大学毕业后，孙敬又开始不安分，他放弃进入著名企业工作的机会，自己弄了一本杂志。杂志只出了三期就闭刊，孙敬又开了一个饭店。没过半年，饭店倒闭。孙敬又开了一个专卖店，因为经营不善，这家店也没超过一年。

经过几次失败，孙敬一点点地积攒人脉，总结经验，最后和朋友一起在一个新行业做起：他们开了一个影楼。朋友发现孙敬是一个很好的合作者，他对各方面的事都有一定经验，而且很少抱怨。孙敬说："出了问题，分析、尽快解决才是关键。"他们一步步分析客人的喜好，终于使影楼走上正轨。后来，孙敬又在很多行业试水，都取得了不俗的成绩。他以实际行动证明：成功可以是一种能力，一种由失败累积的能力。

失败是一个老生常谈的话题，故事里的孙敬一再尝试，一再碰壁，终于明白成功也可以成为一种能力。当你见多识广，有了足够的心理承受力，有了足够的资本，成功就不再是难题。在那之前，无论多少失败都像交了学费，再多一点又如何？一次又一次的挫折，只会让我们看淡失败，习惯那种寂寞与失落，让我们的心更加坚强从容，这是最大的收获。

失败是成功之母。这句话虽简单，却是至理名言，我们大家都知道，却常常忘记。失败能够积累自己的能力，当一个人的能力在各种领域受到挫折，但他仍然能纠正错误，不放弃奋斗，他就已经掌握了比别人更加丰富的知识。他知道的东西更多，见识的事物更广，经历多了，人生自然就会丰富，智慧就在这个时候积淀。

人生最大的成就就是以自己的能力克服失败。我们每个人都要学会走出失败。走出失败并不意味着成功，却意味着你已经具备成功者的心理素质，只有一个不再害怕失败的人才能走向成功。走出失败是一个心理过程，要克服失落感，要重建自信心，最重要的还是要耐得住寂寞。不要以为自己被打败了，没有人能打败你，你只是经验不够而已。

· 006 ·

在急流中智慧地靠岸

　　在古代，一位年轻的皇帝登基，当时国家政局不稳，内忧外患不断。新皇锐意革新，选拔了一批年轻能干的大臣辅佐自己，其中有4个人最引人注目，其中一个擅长军事，指挥兵马抵抗外族侵略；一个擅长外交，带领人马深入边疆开辟领土，发展对外关系；第三个胸中有韬略，辅佐皇帝完善内政，保证百姓安居乐业；第四个执行能力强，一手掌管国家机构，使国家行政高速而有效率。经过十年时间，国富民强，四夷臣服。皇帝对4位大臣感激不尽，让他们自己提出想要的官职。

　　第一个人要当护国将军，继续在疆场扬威；第二个人要求在自己开拓的领土封侯，光宗耀祖；第四个要当宰相，一人之下万人之上。只有第三个人对皇帝说国事已了，想要回家孝顺父母，陪伴妻子，皇帝分别答应了他们四个人的要求。

又过了十年，留在朝廷的三个人因为功高震主，被皇帝忌惮，或因为朝臣造谣，或因为自己生了歹心，都被皇帝处斩抄家。只有那个功成身退的大臣，不但全家性命得以保全，还常年享受着皇帝的赏赐、百姓的赞扬。

历史上，位高权重的功臣难免功高震主，被皇帝、朝臣们忌惮。这些大臣有的认为自己问心无愧，却被有疑心病的人夺了权柄和性命；有些被逼得不得不造反，没有好下场；还有的人手里的权力多了，贪欲膨胀，想与朝廷抗衡，落得身首异处。只有那些在最显赫的时候退下去的人，才能颐养天年。由此可见，急流勇退是一种处世的智慧。

有一句词说"高处不胜寒"，一个人的地位太高，收获太多，站在高处的时候，就是危险来临的时候。有太多双眼睛盯着他，有太多人忌恨他，他的目标明显，防不住那么多明枪暗箭，这时候，是该让自己休息一下。该做的事已经做完，该得到的东西也已经得到，继续贪图身外之物，就会被这些东西困住。不如功成身退，去守自己心里的那一方宁静。

功成身退有时是一种保全自己的策略，有时是完善自身的方式，但也意味着极大的寂寞。曾经的荣华远离自己，看着别人坐上自己曾经的位置，也许那人的能力还不及自己，这种煎熬的心态让人很难忍受。当自己还有能力却只能忍着寂寞时，内心的不甘就会成倍增加。这个时候，我们需要换一换眼光，关注生活的其他部分。

一个正要退休的老人正在办理离职手续。几个年轻人是这位老人一手培养的，他们一直佩服老人的能力和为人，认为这位老人一直是这个行业的业务能手，都为他的离去惋惜。他们对老人说："真是太可惜了，公司少了你，真是一大损失。"

还有人说："现在这个项目已经收尾，明年就会见成效。您是主要负责人，却享受不到这份胜利果实，真让人遗憾啊。"

老人说："项目能做完就好，由谁来享受果实并不重要。退休没什么不好，我一直喜欢钓鱼，现在可以天天去湖边钓鱼。我从小学到高中一直练习毛笔字，工作后时间不够，把这个爱好荒废了，现在可以捡起来。还能和老伴一起去旅游，我们已经订了后天去泰山的火车票。还有……"听着老人的退休大计，看着老人丝毫不计较的表情，几个年轻人都很佩服这种心胸气魄。

有的时候，"退"是个人意愿，也有的时候，"退"是情况所迫，面对这样的结果，平和的心态很重要。"退"之后或许不是不面对你内心的寂寞，但同时也是一个新的转机，你可以重新拾起你丧失已久的生活情趣，包括陪伴家人朋友的时间，你可以发展完善自己的爱好，做做一直想做却没时间去做的事，这何尝不是一种幸福、一种收获？

人生有退才有进，也许这一种"进"并非在同一方向，但人生本来就不只有一个方向。有些大学老教授年复一年操劳，不是忙科研就是忙教课，忙得像个不停旋转的陀螺，直到退休他们才发现人生真正的乐趣并不是当陀螺。他们后悔过去只顾着工作，忽略了很多早该享受的东西，但青春易逝，惋惜无用。这种领悟也算是一种"进"，至少在今后的岁月中，老人们能更加珍惜生活，让自己的生命更为圆满。

禅宗倡导人们不要把自己逼迫得太紧，一定要做到什么，以致这个愿望成了一种强迫症，挤压着我们的生命。这个时候也要有"退"的智慧，一往无前是好事，但一味向前冲，忘记休息的重要，也不利于身心的发展。在前进的时候，我们要懂得暂时的退避，这会让我们获得更大的空间。总之，进退得宜，才能有最自由的人生。

·007·

耐得住寂寞，等得来光明

小周刚刚进入公司人事部工作半年，仍然是一个愣头愣脑的小伙子。他对经理说："我想知道您是如何确定一个人的升职潜力的，为什么您说能升职的，老总一定是会提拔的？"

"这很简单。"经理说，"就拿新人来说，那些肯坐冷板凳的，往往比那些咋咋呼呼的有实力。新人进了公司，难免有个被冷落的过程。这时候，有些新人整天抱怨，说自己怀才不遇；还有一些人从来不吭声，认真地完成任务，主动学习，这样的人，十有八九是有成就的。"小周恍然大悟："原来如此，这样说来，就算在高层领导里，也有坐冷板凳的吧？"

"没错。"经理点头，"一切领域都有坐冷板凳的人，观察一个人的能力，就是看他能否把冷板凳坐热，只有沉得住气的人，才能成大器。"

在现代职场，最有职场眼光的人无疑是每个公司的人事经理，他们能准确地判断员工的个性、能力、适合做什么、会有什么样的发展。人事经理不能未卜先知，看人一眼就说准一个人的未来，他们靠的是观察。有经验的人都知道，真正做大事的人有两点必不可少的要素：一是有能力，二是沉得住气、耐得住寂寞，也就是人们说的能坐冷板凳。

在职场上，坐冷板凳的人最寂寞。似乎永远不会有人来注意他们，既不知道他们做了什么，也不知道他们没做什么，他们看上去可有可无，没有任何存在感。坐冷板凳的人大多认为自己不会有什么成就，他们认为公司少自己不少，多自己不多，有什么机会都到不了自己头上。所以，冷板凳上的人处境艰难。

要仔细分析坐冷板凳的原因，要么是这个人能力不够，只能坐冷板凳，要么是上司拿不准你的能力和性格，想要把你放在一个冷僻的位置上，察看你的天资与耐性。还有一个可能就是上级想要升你的职，但要观察一段时间再作最后决定。能力不够，自然不能怪别人，如果能力够却还是在冷板凳上，也不用着急，因为坐冷板凳未必是坏事。

有位方丈和一位从远方来的禅师说起自己的烦恼：他的寺中有很多僧人，可是，他们身上总有这样那样的问题，不能让自己满意。他希望有个出众的弟子继承自己的衣钵。

禅师说："我看了你的弟子，他们每天勤于诵佛，天资也算聪慧，但身上总像少了什么东西，也许你应该考虑再收几个弟子。"说罢，二人交流佛法，彻夜未眠，一直聊到第二天清晨。二人正要安歇，突然听到寺院里传来钟声，钟声铿锵，余韵悠扬。禅师说："我走过这么多的寺院，还是第一次听到这么美妙的钟声，善哉，善哉。"方丈立刻叫来自己房外的弟子问："快去看看，今天敲钟的人是谁，将他带到我这里！"

敲钟人很快被带到方丈的禅房。敲钟者是一个年幼的小和尚，方丈记得这小和尚几个月前刚进寺里，平日也看不出他有什么资质。方丈问："徒儿，你在敲钟的时候想着什么？"

"敲钟是徒弟的职责，徒弟敲钟时，心里只有这口钟，一心想让它的声音更悦耳。"

禅师说："以小窥大方知人心，这位高徒前途无量，你可要好好栽培。"方丈听完禅师所言，点头称是，当时就收小和尚做了亲传弟子。此后小和尚果然成了一代宗师。

眼中的禅是佛经佛像、木鱼念珠，心中的禅就是不为外物所扰，干好自己应该做的事。小和尚虽然只是敲钟的人，却能敲出一番清明，令禅师们叹服，这就是心中有禅之人的境界。从这个故事还能看出，即使最简单的工作，只要有心也能做得与众不同，让人眼前一亮。

现实职场中，坐冷板凳的结果有3个：一种是耐不住寂寞，跳槽到其他公司；一种是自甘平庸，在冷板凳上一直坐着，一无所成；一种是能够把冷板凳坐热，让人发现自己的优秀，承认自己的价值。在冷板凳上的人常常觉得自己无事可做，这时就要学习，就要钻研如何能把小事做好、做静，让别人能够以小见大，承认你的能力和悟性。

我们每个人都难免会坐冷板凳，这个时候不必心灰意冷，要有面对困难的耐心，还要有耐得住寂寞的韧性。只要心中有对事业的热情、对生活的热情，一定能够感染他人，成就自己。事实上，冷板凳最能考验人，也最能成就人。

· 008 ·

坚定自己的信念

一位禅师带着徒弟旅行，一路上风餐露宿。徒弟没想到如此辛苦，难免抱怨不停，一会儿嫌路程太远，一会儿说行李太重。禅师说："我们要去拜访几位德高望重的老禅师，怎么能说辛苦呢？"徒弟仍然改不了抱怨的毛病。

这一天，师徒二人走进一座深山，禅师突然说："这座山有老虎，我们一定要快点走。"徒弟听了后，不由加快脚步，师徒二人走得飞快，很快就出了深山，在山那边的小镇歇脚。禅师问："你刚才走了那么多山路，肩上又有那么多行李，很累吧？"

徒弟摇摇头说："奇怪，刚才一心想着逃命，脚下像生了风，一点也不累，这是为什么？"

"因为你有求生的信念，再远的路也能走，再重的担也能挑。如果你也有求智慧的信念，你就不会一路都抱怨。"禅师回答。

在人的各种信念中，求生的信念最为强烈，能让人发挥出无限的潜能。故事里的禅师想要告诉徒弟信念的力量：不要畏惧旅途的辛苦，只要有追求、有信念，任何人的脚步都可以变得飞快。如果一个人愿意像爱生命一样爱自己的理想，理想就会成为一种信念。

人有信念是一件好事，信念就像黑暗中的灯塔，尽管它在远方，它的光却让你觉得温暖，让路途看起来不再遥远。特别是灰心丧气的时刻，想到自己的理想和信念，就会涌出不服输的念头和新的力量，支撑自己在困难中站起来，让疲惫的心灵再次振作。信念，让人们相信不可能可以成为可能，相信前程与未来。

　　伴随信念而来的不光只有力量和决心，还有寂寞。有时候寂寞来自他人的不理解，当你选择一种事业，作出一项决定，身边的人可能都会反对，认识的人都表示怀疑。这种不被理解的寂寞，虽然不算众叛亲离，也让人难受。这个时候信念就显得更加重要，唯有如此，才能在众人的疑义中坚守自己的选择，做出一番成绩。

　　王林是管理专业的学生，在大学时，他自修日文。也许是运气不好，他的日语等级考试经常不及格。不过，王林并没有放弃学习日文，他一直很努力练习会话，阅读各种日文书籍，并把它作为最大的爱好。

　　毕业后王林进入一家酒店工作，继续学习日语。公司谁也不知道他有这么个爱好。有一次，酒店来了一位日本客人，当时翻译都不在，负责接待的王林只好硬着头皮和那位客人说话，还帮主管翻译了客人带来的资料。主管惊讶地说：" 真没想到，你的日文这么好！"

　　因为优秀的日语水平，王林很快得到了提拔。后来，更被总公司调到日本，负责那里的市场开发。王林庆幸自己从未放弃过学习日文，才终于等到了能够派上用场的那一天。

　　一个人独自做一件事，许久不见成就，难免灰心丧气，觉得寂寞。付出没有回报的滋味不好受。故事中的王林却有自己的开导方法，他把一直在做的事当作爱好，有成绩固然高兴，没有成绩至少有乐趣。如此一来，寂寞便不再是寂寞，而是一种对于学习和提高的信念。事实证明，耐得住寂寞的人才能有丰厚回报。

人为什么能忍受寂寞？因为心中有信念，有一定要达到的目标，这个目标所要的不一定是回报，还可能是一个人的志趣，也有可能是单纯的奉献。因为有了这样的认识，即使中途遇到了挫折和失落，也不必放在心上，因为挫折不断是人生的常态。耐得住寂寞与相信信念，都是对生命的一种领悟，也是心灵的一次超脱。

禅者追求一种为人的境界，这种境界就是对信念的坚定，当一个人怀有信念，他就会发现自己肩头的压力不再那么沉重；当一个人心无旁骛，他就能减少不必要的烦恼，轻装上阵。在寂寞的时候，要相信你做的事不会白费，你的努力早晚会得到回报；在失落的时候，想想自己最初的信念，就能一往无前，向着理想大步前进。

第六章
谁的旅程能在原地完成

为者常成,行者常至。每个人都有面对困境之时,与其畏手畏脚,怨天尤人,哀叹自己没有能力,不如凭借一腔勇气,建立自信,突破灾难,做个响当当的勇者。

没有人的旅程能在原地完成,我们需要不断前进,不断突破。困难是成功的试金石,勇者无惧,既拥有明日的机会,又拥有充实的人生。

· 001 ·

拿出拼劲,困难需要你硬碰硬

一位国王想要培养儿子们的品性,他对三位王子说:"我有一个心愿,想要去传说中的月亮城看一看。那座城在很远的地方,现在,你们去给我探探路,看看从首都去月亮城,需要多少时日。"

王子们接受了这个任务,开始上路。他们没想到去月亮城的道路如此艰难,首先要翻过一座大山,然后是一条横亘的河,接下来是野地,还有沙漠……在走到一半的时候,大王子忍受不了旅途辛苦,回去告诉父亲:"月亮城太远了,根本没法到达。"

二王子和三王子继续行走。他们又穿过一片沼泽,然后遇到一座高大的雪山,二王子也回到都城,对父亲说:"月亮城太远了,根本无法到达。"

只有小王子经过长途跋涉,到了月亮城。他回到都城后兴奋地告诉父亲:"原来月亮城并不远,只需要一个半月的时间。"父亲说:"没错,只需要一个半月。"

"难道您早就知道了?"王子们吃惊地说。

"我年轻的时候早就去过月亮城,我让你们去,是想告诉你们,没有比脚更长的路,一切苦难都可以克服。"国王平静地说。

国王想要培养儿子们坚韧的品性,给了他们一个艰难的任务。能够完成任务的王子历经了舟车劳顿和一次次险情,最后才达到父亲的要求。这位王子是个勇敢的人,勇敢不是不怕困难,而是在困难面前从不退让,甚至有些时候要知其不可为而为之。对于勇敢者,一位诗人曾经写过一句类似的诗:"没有比脚更长的路,没有比人更高的山。"

每个人都遇到过困境,世界上并没有那么多懦夫,更多的人面对困难都希望自己有勇气排除万难,达到目标。那么,为什么最后成功的人寥寥无几?因为困难太重的时候,他们想到的是尝试着迎难而上,一旦发现困难比想象的还要艰难,就忍不住打起了退堂鼓:"我已经做了很多事,能做的已经都做了,现在不是我不坚持,是情况不允许。"于是,带着这种精神上的胜利,他们带着不那么完整的胜利感撤退,困难仍然是困难。

禅的宗旨是清净,但不是要教导人们从此隐居避世,遇到复杂的事就躲,遇到纷扰的关系就明哲保身,禅的内静与外修要保持高度一致。更好地在这个世间生活,这才是我们应该学习的智慧,所以,面对困难,我们要保持内心的平静和行动上的积极,两者结合就是勇气。

毕业后，尚宇成了职场新人，在一家公司打工，他遇到了一个十分难缠的上司。这个上司最爱挑人毛病，对待新人尚宇，上司可谓时刻观察留意，一有毛病，就要说个没完，还会把这些事告诉老板。更让尚宇受不了的是，一旦工作出了问题，上司就会把责任全部推给尚宇，同事也不会为尚宇说一句公道话。

尚宇只好跳槽。在新公司，尚宇成了优秀员工。可是，他又遇到了一个麻烦的上司，这个上司脾气暴躁，动不动就骂人，骂得十分难听。尚宇心高气傲，又想辞职了事。尚宇的父亲劝他："世界上怎么会有十全十美的上司？如果上司要求严格，你就尽力达到他的要求，这对自己难道不也是一种促进？"尚宇打消了辞职的念头，他工作更加努力。渐渐地，上司对他的印象越来越好，逐渐将他当作重点培养对象。

似乎每一个职场新人都遇到过苛刻的上司，他们或者为人挑剔，或者太过严格，你做什么都不能让他们满意，这种情况让你不得不怀疑自己的能力或者怀疑他们的用心。不过，为什么一定要把事情分辨个明明白白？只要你继续努力，不被眼前的困境击倒，能力不够可以用努力弥补，上司别有用心可以用成绩回击，唯有继续努力才是克服困难的办法。

对待困难的时候，最好的方法不是躲避，而是迎难而上。很多人在困难面前容易游移不定，他们对人说自己在思考解决的办法，其实是在左右徘徊，不敢向前迈步，不断纠结要不要换个方向。在时机不成熟的时候，回避困难的确是一种策略，但大多数时候，困难需要你迎上去，困难需要你拿出拼劲，困难需要你硬碰硬，要懂得"狭路相逢勇者胜"的道理。

不必为困难纠结太多时间，在逆境中，更能培养一个人勇敢的品性。不够勇敢的人只能与困境长期僵持，越过越难受；懦弱的人会彻底被困境压垮。凡事都有困难之时，与其坐以待毙，不如当个赤手空拳打开局面的勇者。勇敢的人，能把困境踩在脚下，继续前进。

·002·

能限制自己的只有自己

年老的禅师和年轻的弟子正在花园里锄草。弟子看到满花园的花朵，兴奋地对禅师说："师父，您常说人世枯荣的道理，我现在突然明白了。"禅师说："说说你想到了什么。"

"我想人与万物没有什么不同。年轻人就像花园里的鲜花，娇艳欲滴，人人喜欢；壮年人就像果实，皮实肉厚；老年人就像果核，干干巴巴。您看我说的对吗？"

"你说得没错，但你不明白，果核看似无用，却是生命的凝结。"禅师说。

"可是要是没有鲜花，就不会有果实，更不会有果核，鲜花才是最重要的吧？"弟子有些疑惑。

"没错，所有果实都曾经是鲜花，但你千万不要忘记，不是所有鲜花都能成为果实，最后成为果核。"禅师说。

年轻人朝气蓬勃，老年人经历丰富，有时候难免会对自己的条件得意，产生争论。有智慧的老人往往不会和年轻人计较，只会以过来人的身份说些经验，让后来人警醒。不是所有年轻人都会成为有智慧的老人，有些人年老后庸碌无为，有些荒唐无稽，就像不是所有花朵都能结出果实。不必为自己今日的资本得意，凡事要看以后。

什么样的鲜花能够成为果实？首先是那些懂得保护自己的、不被人攀折的花朵。这样的花朵会尽量长在最高的枝头，不但能够接受最充足的阳光，也能防止被人摘走。想要成为果实还要有成长意识，它还会将根扎进最深的土壤，以汲取最足的养分，让自己越发成熟。

人也是一样，想要有所成就，就要像这些结果的花朵一样，要注意自己的根基，在一开始就要有学习意识，不断地累积，壮大自身。还要知道人往高处走，没有最好只有更好，不断进步才能更好地发展。唯有如此，一个人才能超越自身的限制，不断提高自己，使自己的生命焕发光彩。每个人都是有可能结果的花朵，关键是愿不愿意想、愿不愿意做。

在一家酒店，几个中年女服务员正要交班，这时走来一位衣冠楚楚的女士，她向其中一个女服务员打招呼说："好久不见！最近怎么样？"那位女服务员亲热地挽着女士的手，聊了一会儿天。等到女士走后，其他服务员说："天啊，那不是有名的服装设计师吗？你怎么认识这样的人！"

"哈哈，我当然认识她，在十几年前，她和我一样，都是这里的服务员。"女服务员说。

"那么，你们现在为什么有这么大的差别？"其他服务员问。

"那也不奇怪，因为我一直为薪水工作，而她在那个时候，就自己去报夜校，学习服装设计。她一直为此努力，所以现在她是知名设计师，我还是一个为薪水而工作的服务员。"女服务员说。

同样的境遇下，选择不同，结局也会不一样。同样的酒店女服务员，有人可以成为设计师，有人十几年仍然是服务员。如果对这个工作心满意足，生活平安喜乐，任何工作都没有区别。最怕的是内心有不满足，自己不肯努力，只能羡慕别人的成就。

仔细分析人们不努力的原因，会发现并不仅仅是因为懒惰。有些勤勤恳恳的人是因为没有想到，或者干脆不敢想，他们会给自身的境遇划一个界限。常听这样的人说:"我这一辈子就是这个样子了,还能做什么呢?"事实上没有人限制他们,是他们自己限制了自己,他们在内心里先给自己一个笼子,以为自己永远走不出去。于是,即使机会来到他们面前,他们也会对自己说:"不可能,我做不到。"

倘若人们没有足够的勇气去梦想、去实现,就只能自甘平庸,一辈子碌碌无为,察觉不到自己的优点。生命只有一次,敢于梦想,困难就不再是困难,挑战也成了有意义的尝试,就像拿破仑所说:"不想当将军的士兵不是好士兵。"

· 003 ·

走路摔跤,强于站着不动

古代有个村庄,有一年闹了旱灾。有个农夫一家三口断粮已经有三天了,儿子饿得快要晕倒。农夫和妻子只好求神拜佛,希望老天赐给自己的孩子一口饭吃。

有位菩萨听到了他们的哀求,现身说:"我愿意实现你们三个愿望,现在你们说说吧。"农夫的妻子连忙说:"我的儿子快要饿死了,请给他一碗饭吧!"菩萨立刻变出一碗饭。

农夫却大发脾气,对妻子说:"你怎么这么笨!竟然只要一碗饭!你这么蠢,应该让菩萨把你变成一只猪!"话音刚落,妻子就变成了一头猪。

农夫大惊,连忙对菩萨说:"菩萨,求求您,我不能没有妻子,请你把她变回来吧。"转眼间,菩萨将猪变成了人,接着就消失了。儿子吃到一碗饭,却没有吃饱,仍然饿得直哭。

面对困难的时候,大多数人都会抱怨,抱怨是一种简单易行的发泄方法。抱怨的人甚至会说:"物不平则鸣,抱怨几句有什么关系?"如果仅仅是几句抱怨,当然没有多大关系,就怕抱怨成了习惯,从此只知道抱怨。遇到什么事都抱怨,到最后演变成没事也要抱怨,整天抱怨个没完,这样的抱怨会直接导致一个人人际关系紧张,甚至一事无成。就像故事中的农夫,一看就知道平日也没少抱怨妻子,大好机会面前还是忍不住抱怨,以致耽误了正事。

当一个人总是抱怨,他就不再认为抱怨是一种毛病,他会认为这仅仅是个人的一种习惯,无伤大雅,但被他抱怨的人却难免产生怨气,大家同时做事,别人都没抱怨,怎么就你一个抱怨呢?所以,对于总是抱怨的人,要么远离一点,要么同化,和他一起抱怨。如果人们都忙着抱怨,自然无心做事,可见有个喜欢抱怨的人在,那个团体的气氛就不会友好上进。

抱怨如果真能解决问题倒还无妨,但抱怨解决不了任何问题,只会让人沉浸在沮丧的情绪里不能自拔,怨天尤人。抱怨的人会抱怨外界环境不好、身边的人不好、自己的运气不好,就是不会问问这样不理想的结果之所以出现,自己究竟有什么问题。也不会问问事已至此,埋怨有什么用?做什么才能真正对未来有好处?

在古代,两个和尚住在偏远的地方。一天,穷和尚对富有的和尚说:"我听说南海是一个好地方,我想去看一看,你觉得怎么样?"

富有的和尚说:"南海的确是个好地方,我也一直想去,为此,我一直在准备盘缠,设计路线,至今还没成行。请问,你准备了什么?"

"我什么也不用准备,只需要一个装水的瓶子、一个化缘的饭钵。"穷和尚说。

"你真是异想天开！"富有的和尚说。

没想到一年后，穷和尚真的从南海回来，给富有的和尚讲了很多旅途中的事，富和尚羡慕不已。看来，最重要的并不是完美的计划，而是积极的行动。

富有的和尚自身条件不错，他把自己不能旅行的原因归结为他还没有准备好，相信他心里难免抱怨一次旅行要费这么大的周章。穷和尚什么也不想而是直接行动，遇到困难就地解决，很快完成了旅行。由此可见，积极行动是排除万难的法宝，只有行动才能把复杂变为简单。

抱怨的人目光比较狭窄，他们只盯着自己，不会想到世界上的人其实和他们一样，也要面临各种各样的困难，也会遇到很多不平事。抱怨的人固然有苦衷，但其他人也未必是幸运者，有些人甚至比他们还要困难。只有那些不抱怨只行动的人，才能克服困境，开创出一片新天地。从这个意义上来说，选择不抱怨，就是选择勇于面对。

如果把目光放大，就会发现与那些真正有困难的人比起来，自己的困难不算什么；如果把目光放远，就会发现与未来的成就相比，眼前的困难不算什么。生命有限，时间有限，很多机遇会在你抱怨的时候偷偷溜走，有时间抱怨，不如马上应对困难，制订计划，开始行动。面对困难，我们需要的是勇敢的行动，而不是沮丧的抱怨。

·004·
不低估事情的难度，更不低估自己的能力

丽丽喜欢盆栽，在父亲的"赞助"下，她养了几盆花。这一天烈日当空，丽丽看到窗台上的花全都打蔫儿了，拿着花洒就要去浇花。父亲却说："现在不能浇花。"丽丽着急地说："再不浇的话，花就晒死了！"父亲说："不能浇，正午的日头毒，你现在浇水，一冷一热，花非死不可。"丽丽半信半疑地放下了花洒。

傍晚的时候，父亲让丽丽去给花浇水。果然，那些像是快要枯萎的花朵全都展开花瓣，容光焕发。丽丽说："这些花真能挺，那样的太阳都晒不死它们。"

"花不是能挺，是一直活得好好的。"父亲说，"就像一个身处困境却懂得拼搏的人，你说他是在硬挺，还是活得好好的？"

"我看他比别人活得更好！"丽丽说，父亲满意地笑了。

养过花的人都知道正午不可以给花浇水，那时候的花朵看着打蔫儿，却并不是即将枯萎，而是花朵面对烈日的一种惯常反应。它自己会挺过烈日，选择合适的温度重新开放。仔细观察，大自然的许多事物都知道如此这般避开伤害，养精蓄锐，留待后发，而人们却常常因为各种主观因素，忘记这种生存的本能。

很多人害怕打击，并非他没有能力，而是缺乏应对困难的信心。他们

认为自己不可能有克服困难的能力，这样的人是被困难吓怕的人。现代生活让我们日渐娇贵，一点事就紧张不休，不相信自己的能力。困难之所以"难"，就在于你现在觉得很难，但我们不能断言自己今后没有这个能力，所以在能够克服之前，我们需要的是咬紧牙关挺过去。

你如果去仔细观察老人和小孩，会发现老人走路低下头，弯下腰，十分不便；小孩子挺直腰板，蹦蹦跳跳，十分活泼。老人和小孩没什么不同，依然快乐地生活着。年老不算什么，生病也不算什么，只有活着最重要。如果能明白这一点，你就会知道困难并不会让你一无所有，只是让你暂时低下头而已，你需要的是勇敢的信念。

抱怨工作是职场新人的通病，一位老板深谙这一点。每一年公司招了新人，难免有一部分人心浮气躁，不久就跳槽。还有极少的人思想成熟，性格稳重，愿意沉下心学习。更多的人整天抱怨工作，抱怨上司，抱怨自己怀才不遇。

每年年末，公司都有年会，老板会带着职员们做一次旅行。旅行大多是在风景区，老板会将新人带在身边，对他们说："你们经常抱怨自己的工作环境不好，现在我想告诉你们一件事。首先，我要把手里的这块石头扔出去，你们能帮我捡回来吗？"

"那怎么可能？海边这么多石头！"新人们说。

"那么，我如果扔出去一块金子，你们能捡回来吗？"看到新人们沉思的表情，老板说，"这就是我想要告诉你们的事。"

有了挫折和不顺心难免抱怨，重要的是不要失去对自己的信心。如果失去信心，对自己的判断出现偏差，把金子当作石头，那么就算伯乐出现，千里马也会在马群里低着头。挫折就像花朵头上的烈日，看似灼人，其实要不了命，更决定不了你的命运。决定今后结果的是自己的毅力和耐力，能否继续开花，取决于你的决心。

"千辛万苦"这个成语经常被用来形容那些为事业、为理想付出的努力，是个让人尊重的词语。其实，每个人都要历经千辛万苦，从出生到死亡，人们经历过的挫折伤痛都不少。既然如此，为什么不让生命更美一点？同样的千辛万苦，为什么不使它得到更高的回报？

在生活中，痛苦比快乐要多，挫折比顺利要多，没有人能够一帆风顺，那些表面风光的人，背后都有别人想象不到的艰苦努力。每个人都可以暂时与环境妥协，不应该向挫折低头，要相信自己是一块金子，遇到的困难不过是大浪淘沙式的打磨。人生在世挫折难免，不妨告诉自己吃一堑长一智，挺过烈日，花朵依然美丽。

·005·

梦想多毁于半途而废

一个和尚正在院子里挖水井。他是个没常性的人，东挖一锹，西挖一铲，挖了半天都没有任何收获。师父在旁边看到了，就对他说："在一个地方挖，不要老挪动。"

和尚只好确定一个方位，不停地挖。一连挖了几个钟头，他的双手累得发麻，最终他将铁锹扔掉，对师父说："不挖了！不挖了！这个院子根本挖不出水井！"

"你这个没常性的人！"师父训斥道。然后，师父亲自拿起铁锹，在刚才徒弟挖水井的地方继续挖土。不久，井水就冒了出来。师父说："像你这样没有毅力的人，做什么能成呢？以后要改改你这个毛病！"

世界上每一个人都渴望成功，渴望自己的付出得到回报，有多少人的努力停在成功的前一刻？成功有时候就像小和尚挖井，确定了某个地方有水源，要做的事只有一件：使劲挖。如果没常性，东挖一个洞西挖一个洞，费时费力不说，最后还是挖不出一滴水。世界上的事大多成于坚持，败于半途而废。

跑马拉松的人最能体会坚持的重要。当出发的口令响起，众人兴致勃勃地奔上跑道。很快，差距拉开，有人因为没体力而退出，有人因为太累了而退出，剩下的人默默地继续跑，他们知道一旦选择开始，就不能轻易放弃，名次并没有那么重要，重要的是证明自己有这份能力和毅力。在漫长的跑道上，能够坚持到底的人都是勇者。

现实并不是马拉松，马拉松有明确的终点，现实没有。也许你要一直跑，一直看不到尽头。这时候失望与疲倦来得更加强烈，你只能不断告诉自己继续跑，不能放弃。一切都是对自己的锻炼，即使最后不能到达希望的地方，也在路途中得到了诸多经验和乐趣，这不就是人生的真意？

在巴黎有一个裁缝，他的手艺不好不坏，他开了一家制衣店赖以谋生。年老后，他给自己的孙子讲起自己的经历：

"我像你这么大的时候，是一个喜欢拉小提琴的小少爷。那时候我家里很有钱，送我去一个音乐家那里学习。音乐家很看重我，他想把所有的本领教给我。可是过了几年，我迷上了赛马，整天在跑马场里度过，荒废了学业，还将父母留下的遗产全都花光了。

"后来，我又开始学习缝纫。师傅说我很有天赋，可是我学到一半，又想当一个雕塑家。于是我去了巴黎的一所学校学习雕塑。到最后我什么也没学成，只能用半吊子的缝纫技巧开了这家小店混日子。因为什么事都做不到最后，我一无所成，希望你们不要重蹈我的覆辙。"

有位哲人说："假如时光可以倒流，世界上将有一半的人可以成为伟人。"故事中的老人学过很多东西,从他学什么会什么的情况来看,他是一个极其聪明、可塑性极强的人,之所以没有成就,责任只能归咎于他自己。半途而废,浪费的是自己的时间和才华。

人们常常思考自己正在做的事,有时会想选择另一条路是不是更好。这件事我们应该全面地分析:选定一条路,发现走不通的时候,可以改变方向;仅仅是旁边出现看似更好的路就改道,却可能得不偿失。因为旧路已经走了一半,只差坚持,新路一切都是未知,很难预测,还不如老老实实地完成自己的努力,要相信一分耕耘一分收获。随随便便改变最初的决定,就像胡萝卜种了一半改种土豆,不但胡萝卜吃不到,土豆也长不好。

行百里路半九十,为什么失败的人总是比成功的人多,平庸的人总是比优秀的人多?就是因为前者选择了放弃,后者选择了坚持。前者得到的是一时的安逸,后者得到的却是一辈子的光荣。要做个优秀的人,首先要懂得做个不放弃的勇者。

人生辛苦,困境重重,谁都有过放弃的念头,谁都想换一种更轻松的生活,但要明白换来的未必轻松,浪费的可能是最好的。想要放弃的时候,不妨想想自己选择的理由。人们的选择有时是现实所迫,更多时候是基于某种愿望,放弃一半的努力,就等于放弃全部的愿望,你甘心吗?不要轻易说结束,鸣锣开场的戏剧,你身在其中,就算不是主角,也要演到最后。

· 006 ·

正视自己的缺点与优势

森林里正在举行一次演唱会,夜莺和百灵是演唱会上的主角,黄鹂也因它婉转的声音得到评委的青睐。这时,一只猫头鹰上台唱起了歌,那如同哭丧一样的嗓子让听众们大叫:"别唱了!别唱了!听你唱歌简直就是受罪!"

猫头鹰很伤心,它对森林之王哭诉说:"同样是鸟,为什么我唱歌就这么难听呢?"

森林之王说:"这有什么呀?你的歌声虽然不好,但在鸟类中,你的视力却是数一数二的。你还有敏捷的动作、锐利的爪子,在黑暗中,很少有鸟类能成为你的对手。"

听了森林之王的话,猫头鹰有了信心,它决定发挥自己的特长。它发现自己最适合抓老鼠,于是,它每晚都勤恳地抓田里的老鼠,成了人们赞扬的益鸟。

猫头鹰羡慕那些歌喉优美的鸟,并为自己一把倒嗓伤心不已。事实上,比起那些只会唱歌的鸟,猫头鹰不知要能干多少倍。由此可见,一件事的性质常常不是由事实决定,而是由人们的评判标准决定。在松鼠眼里,大象比高山还要巍峨;在大象眼里,松鼠是那么灵巧,倘若它们互相羡慕起来,生活就会被不快占满,不如静下心看看自己的优点。

在生活中,人们常常羡慕那些优秀的人,暗暗幻想自己也有那样的条件。越是羡慕,就越喜欢拿自己和那个人作对比,而且专门拿自己的缺点比人家的优点，拿自己没有的东西去比人家拥有的东西，比来比去，那个人十全十美，自己一无是处。事实上，当你认为自己什么也没有时，幸福已经开始远离你。

更可怕的是，在这种失衡的比较中，羡慕极其容易变为忌妒。忌妒是扭曲人性的魔鬼，它能让人变得狭隘、偏激、阴狠，开始不择手段地得到想要的东西，破坏别人的生活。这种做法损人不利己，只是为了平衡一下自己扭曲的心，更是一种不可取的行为。

有个年轻人正在抱怨自己怀才不遇，他说他总是遇不到伯乐，发挥不了自己的才能，只能过着落魄的生活。

一个老人听到了他的抱怨，就问他说："你还这么年轻，为什么整天不开心呢？"

"因为这个世界不公平，别人那么富有，我却如此贫穷。"年轻人说。

"贫穷？我认为你很富有。"老人说，"比如，我给你一万元钱，买你一根手指头，你同意吗？"年轻人翻了个白眼说："当然不同意！"

"那么，我是一个很有钱的人，现在愿意和你换一下，你来当一个富有却衰老的人，你愿意吗？"老人问。年轻人连忙说："当然不愿意！"

"所以，你身上已经有无价的财富，又何必抱怨自己呢？"老人说。

年轻人怀才不遇发牢骚，老人提醒他："年轻才是最大的资本。"可见，当你认为自己一无所有的时候，有些人正拿羡慕的眼神看着你。这个世界上没有人能称自己一无所有，除非是死人。人们之所以会认为自己手里的东西太少，一是因为贪婪，二是因为喜欢和人比较。

在困难面前，人们更容易产生对比心理，他们会想："假如是×××，一定不像我这么费劲"，或者"如果我有××那样的条件，肯定不会这么倒霉"。这些羡慕仍然是一种用来逃避的借口，因为不相信自己的能力，或者对自己的能力不满意，才会对他人的成就念念不忘。退一步讲，难道你有了××的条件，就不会倒霉？难道你有×××的能力，遇到困难就能轻而易举？凡事要看你敢不敢做、能不能做，而不是有没有条件。

想要突破困难首先要正视自我，既要正视优点也要正视缺点。对自大的人来说，要多多留意自己的缺点；对缺乏自信的人来说，要仔细寻找自己的优势。不要总觉得旁人比你优秀，旁人和你一样，甚至在某些方面不如你。他们之所以能突破困境，是因为他们有更坚定的决心和更好的方法，把方法学过来，你也一样能成功。

修禅者承认差距，但他们相信在大的方面，人与人是均衡的。有的时候，人与人的能力的确不尽相同，在同样的事上，有人具有天生的优势，有人只能靠后天弥补。这个时候不要死钻牛角尖，感叹自己没有天生的才能，每个人都有天赋，只看你能不能发现。多多尝试，多多行动，总能找到最适合自己的道路，证明自己是个优秀的人。

· 007 ·

苦痛是生命必经的过程

山里有两块石头，他们享受着清风明月、绿树野草，偶尔还有人在它们身边谈天，说些奇事逸闻。两块石头生活得很惬意。

一天，一块石头说："我们的生活太平淡了，我希望出去旅行，增长见闻，让自己的生命更有意义。"另一块说："别折腾了，放着好好的日子不过，去增长什么见闻。你有多结实？怎么能忍受那些磕磕碰碰的日子呢？何况还有粉身碎骨的危险！"

"可是，我还是想让生命有意义一点。"石头说。第二天，它请求一个牧童将它带下山。

后来，石头历尽磨难，最后掉进一条河。它在河水里颠簸，磨平了所有棱角。有一天，一双手将它捧了起来，它听到有人说："天啊，这是一块多么精美的石头！"

于是它被带走，变成了博物馆里展览的宝物，而它的同伴，迄今也还只是一块普通的山石。

每个人都有贪图安逸的一面，想要日子顺顺当当，事业一帆风顺，人生万事如意。苦难是人人想要回避的，如果可能，谁也不想没苦给自己找点苦来尝。也有一部分人，希望能够锻炼自己，为了锻炼而吃苦，就像故事里的这块石头，被大风大浪打磨得光洁圆润，让人啧啧称赞，想必它在吃苦的时候，心中总是装着日后的甜。

"苦尽甘来"是一个令人向往的成语。困境中的人喜欢拿这个词来安慰自己，他们相信自己不会白白付出，即使没有达到想要的结果，也得到不少经验，积累了不少财富。比起一无所有，这些都是"甘"。人生有高潮就有低谷，苦涩甘甜交织，为了追求甜，必须要经历苦，忍耐苦。只要最后的结果是好的，回头看看那些苦涩的历程，也会觉得佩服自己，心中泛起一丝丝的甜味。

面对困难需要提起勇气，勇气的本质是什么？是抵抗压力的能力。外界的难题带来的焦虑感，无人援手的孤独感，能力不足的惧怕感，前程渺茫的失落感，这一切交织成巨大的压力，沉甸甸地压在心头，让我们喘不过气来。只有勇气能够让我们保持内心的坚强，与焦虑和孤独对抗，让我们不致被困难击倒。甚至有些时候，因为有勇气、有耐心，我们能够把苦难变作一种享受，一种由苦到甜的、生命必经的过程。

一个刚刚开始学小提琴的女孩有个愿望，她想砸烂那把小提琴，因为她完全跟不上老师的讲课节奏。她的老师是个古板的大学教授，每天都要求她练习高难度的曲谱，让女孩完全吃不消。每次去上课，老师都要因为她的错误严厉地批评她，几乎每次都把她骂哭。女孩心理压力太大，再也忍受不住，就跟妈妈说："妈妈，我不想学琴了。"

妈妈问清原因后，不但不同情女儿，反倒对女儿说："既然开始学，就要学好，按照老师说的去做，不会让你吃亏。"得不到母亲的支持，女孩无奈地只好依旧战战兢兢地去上音乐课，经常被老师骂哭，继续在心里咒骂小提琴和高难度的曲子。

直到有一天，女孩去参加一个音乐比赛，题目都是有难度的名曲，很多参赛选手无法顺利完成，而年幼的女孩的演奏却感动了不少评委。那一刻，女孩才终于明白老师的苦心。

懂得教育的老师明白心理素质的重要和基础的重要，在平日就把有资质的学生放在艰难的境遇中，让他们承受巨大的压力，磨砺他们坚韧的品性。唯有如此，在重大场合，他们才能够做到不怯场，只要照常发挥，就能优于他人，得到好成绩。

强大的抗压能力是成功的关键。正如一个经常经历磨难的人不会把困难当成一回事，他们的内心早就习惯于与困难作斗争。因为习惯了困难，他们有足够的认真与耐性去观察困难、分析困难，还能在突来的情况下保持理智，对即将到来的危险保持警惕，这些都是抗压能力的体现。因为有了这层心理准备，在任何时候，他们都能够鼓起勇气，打起精神。

修禅的人能用一颗平常心对待一切，他们敢于正视苦难。苦难是人生的财富，唯有苦难才能建立人的抗压能力，让一个人明白何谓勇气。一帆风顺的人大多经不起打击，胜利常常属于那些不屈不挠的人，他们把苦难当作考验，当作教材，他们享受磨砺自己的乐趣，以压力为动力。不必害怕困难，只要有足够的勇气，我们一定能用自己的双手排除万难，实现自己的愿望，证明自己的实力，未来永远属于勇敢的人。

图书在版编目（CIP）数据

慈悲没有敌人，智慧不起烦恼 / 文震著 . —北京：中国华侨出版社，2016.10
ISBN 978-7-5113-6368-8

Ⅰ . ①慈… Ⅱ . ①文… Ⅲ . ①人生哲学 – 通俗读物 Ⅳ . ① B821-49

中国版本图书馆 CIP 数据核字（2016）第 237818 号

慈悲没有敌人，智慧不起烦恼

著　　者	/ 文　震
责任编辑	/ 文　喆
责任校对	/ 高晓华
经　　销	/ 新华书店
开　　本	/ 670 毫米 ×960 毫米　1/16　印张 /17　字数 /220 千字
印　　刷	/ 北京建泰印刷有限公司
版　　次	/ 2017 年 1 月第 1 版　2017 年 1 月第 1 次印刷
书　　号	/ ISBN 978-7-5113-6368-8
定　　价	/ 32.00 元

中国华侨出版社　北京市朝阳区静安里 26 号通成达大厦 3 层　邮编：100028
法律顾问：陈鹰律师事务所
编辑部：（010）64443056　　64443979
发行部：（010）64443051　　传真：（010）64439708
网　　址：www.oveaschin.com
E-mail：oveaschin@sina.com